1+X职业技能等级证书（机器视觉系统应用）配套教材

机器视觉系统应用（初级）

主　编　郑鹏飞　张永卫　黄大岳

副主编　刘培超　唐海峰

参　编　马　强　李　欢　沈卫极　柴瑞磊

张永超　张秀君　曾　琴　陈泓良

陈　丽　刘　艳　林钰旋

U0255052

机械工业出版社

本书为1+X职业技能等级证书（机器视觉系统应用）配套教材之一。本书从机器视觉系统软硬件安装与检测、视觉工具应用、系统集成项目调试与运行等方面介绍了机器视觉系统相关的理论知识和技能实操，以机器视觉系统应用实训平台（初级）为载体，介绍了PLC、机器人、机器视觉等多种技术，涵盖了药盒条码识别、手机尺寸测量、电子芯片引脚缺陷检测及手机定位引导装配等项目。

本书可作为1+X职业技能等级证书——机器视觉系统应用（初级）的培训教材，也可作为职业院校自动化类、电子信息类等专业相关课程的教材，还可作为应用型本科教育相关课程的教材及工程技术人员的参考用书。

为方便教学，本书植入了二维码视频，配有电子课件、引导问题答案、模拟试卷及答案等，凡选用本书作为授课教材的教师可登录机械工业出版社教育服务网（www.cmpedu.com）注册后下载配套资源。本书咨询电话：010-88379564。

图书在版编目（CIP）数据

机器视觉系统应用：初级 / 郑鹏飞，张永卫，黄大岳主编 .—北京：机械工业出版社，2023.3

1+X职业技能等级证书（机器视觉系统应用）配套教材

ISBN 978-7-111-72742-2

Ⅰ . ①机… Ⅱ . ①郑… ②张… ③黄… Ⅲ . ①计算机视觉 – 职业技能 – 鉴定 – 教材 Ⅳ . ① TP302.7

中国国家版本馆 CIP 数据核字（2023）第 040032 号

机械工业出版社（北京市百万庄大街 22 号 邮政编码 100037）

策划编辑：冯睿娟　　　　　　责任编辑：冯睿娟 杨晓花

责任校对：肖 琳 周伟伟　　责任印制：任维东

北京中兴印刷有限公司印刷

2023 年 6 月第 1 版第 1 次印刷

210mm×285mm · 16.5 印张 · 505 千字

标准书号：ISBN 978-7-111-72742-2

定价：49.80 元

电话服务　　　　　　　　网络服务

客服电话：010-88361066　　机 工 官 网：www.cmpbook.com

　　　　　010-88379833　　机 工 官 博：weibo.com/cmp1952

　　　　　010-68326294　　金 书 网：www.golden-book.com

封底无防伪标均为盗版　　机工教育服务网：www.cmpedu.com

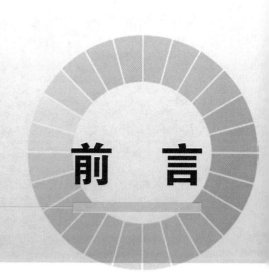

前　言

机器视觉是人工智能正在快速发展的一个分支。根据国际自动成像协会（AIA）的定义，机器视觉涵盖所有工业和非工业应用，其中硬件与软件的组合为设备执行基于图像捕获和处理的功能提供操作指导。机器视觉在工业应用中分为引导、识别、测量和检验四大类典型应用，随着机器视觉技术的快速发展，它赋予了智能制造"智慧之眼"的能力。

本书依据机器视觉系统应用职业技能等级标准（初级）要求进行编写，满足机器视觉行业、装备制造业、3C电子制造业、平板显示制造业、汽车制造业、包装业、食品饮料制造业、医药制造业、印刷业、电池制造业等相关企事业单位中机器视觉系统装调、视觉应用编程、视觉方案设计、视觉系统集成、智能生产线联调等相关岗位的需求。本书编写团队结合多年的机器视觉系统应用和教学经验，以及对机器视觉系统的深度了解，在细致分析机器视觉应用企业的岗位群和岗位能力需求的基础上，编写了本书。

本书践行社会主义核心价值观，以党的二十大精神为指引，落实立德树人根本任务，将道德养成教育与机器视觉技术融合在一起，在提升专业技能的同时，加强理想信念教育，引导学生形成正确的世界观、人生观、价值观，树立实学兴业、科技报国的理想，从而培养造就德才兼备的高素质人才。

本书为项目化教材，采用了活页式体例结构，主要包括项目引入、知识图谱、学习情境、学习目标、工作任务、工作实施、评价反馈、相关知识、项目总结及拓展阅读等模块。主要目标是培养学者的职业能力和职业特质，将专业理论知识和技术方法相结合。本书遵循"项目导向、任务驱动"的原则，以机器视觉系统应用的流程为主线，由浅入深，由易到难，设置了一系列工作任务，嵌入了药盒条码识别、手机尺寸测量、电子芯片引脚缺陷检测、手机定位引导装配等教学案例。

本书由深圳市越疆科技股份有限公司组编，郑鹏飞、张永卫和黄大岳担任主编，刘培超、唐海峰担任副主编，参与编写的有马强、李欢、沈卫极、柴瑞磊、张永超、张秀君、曾琴、陈泓良、陈丽、刘艳和林钰旋。在编写本书的过程中，杭州海康机器人技术有限公司、浙江大华技术股份有限公司、深圳信息职业技术学院和广东科学技术职业学院等企业及院校提出了许多宝贵的建议和意见，在此一并表示感谢。

由于编者水平有限，书中难免存在不足之处，恳请广大读者提出宝贵意见和建议。

编　者

二维码清单

名称	二维码	页码	名称	二维码	页码
机器视觉系统介绍		4	机器人工具坐标系标定		57
识读装配图		20	机器人常用坐标系		63
DobotVisionStudio 安装		24	标定板标定		68
DobotVisionStudio 测试		27	相机标定		72
DobotVisionStudio 介绍		34	九点标定		77
DobotSCStudio 软件的安装		39	手眼标定		81
DobotSCStudio 软件测试		41	字符识别与条码识别		90
DobotSCStudio 介绍		45	药盒条码识别系统视觉方案调试		94
机器人用户坐标系标定		53	识读药盒条码识别系统视觉方案		102

（续）

（续）

名称	二维码	页码	名称	二维码	页码
识读手机定位引导装配系统视觉程序		224	手机定位引导装配系统的机器人程序讲解		239
手机定位引导装配系统机器人程序调试（上）		228	触摸屏程序下载		243
手机定位引导装配系统机器人程序调试（中）		228	手机定位引导装配系统联调		245
手机定位引导装配系统机器人程序调试（下）		228			

目　录

项目 1
走进机器视觉

项目引入

当下机器视觉技术已广泛应用于工业生产、日常生活以及医疗健康等领域，如工业生产线机器人准确抓取物体、机器人无人商店、手术机器人靶区准确定位等，极大地改善了人们的生活，提高了生产力与自动化水平。随着人工智能技术的爆发与机器视觉的介入，自动化设备正朝着更智能、更快速的方向发展，同时机器视觉系统将更加可靠、高效地在各个领域中发挥作用。

知识图谱

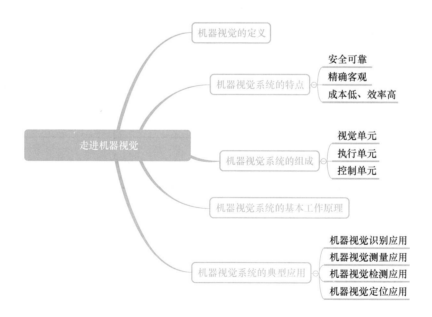

学习目标

知识目标

1）了解机器视觉的定义。

2）了解机器视觉系统的特点。

3）理解机器视觉系统的典型应用。

技能目标

1）能够认识机器视觉系统应用实训平台（初级）的结构布局。

2）能够描述机器视觉系统应用实训平台（初级）各结构的功能。

3）能够描述机器视觉系统应用实训平台（初级）的工作流程。

素养目标

1）根据工作岗位职责，完成小组成员的合理分工。

2）团队合作中，各成员能够表达自己的观点。

3）养成安全规范操作的行为习惯。

工作任务

认识机器视觉系统应用实训平台（初级）的结构布局，并描述各结构的功能；观看机器视觉系统应用实训平台（初级）的工作过程演示，描述其工作流程。

任务分工

根据任务要求，对小组成员进行合理分工，并填写表1-1。

表 1-1 任务分工表

班级		组号		指导老师	
组长		学号			
组员及分工	姓名		学号		任务分工

获取信息

引导问题1：什么是机器视觉？

_____

_____

引导问题2：简述机器视觉系统的特点。

_____

_____

引导问题3：简述机器视觉系统的基本工作原理。

_____

_____

引导问题4：简述机器视觉系统的典型应用。

_____

_____

工作计划

1）制定工作方案，见表1-2。

表 1-2　工作方案

步骤	工作内容	负责人

2）列出核心物料清单，见表1-3。

表 1-3　核心物料清单

序号	名称	型号/规格	数量

工作实施

1. 认识机器视觉系统应用实训平台（初级）的结构布局及各结构的功能

步骤1：认识实训平台的结构布局。

机器视觉系统应用实训平台（初级）由视觉单元、执行单元和控制单元组成，结构布局如图1-1所示。

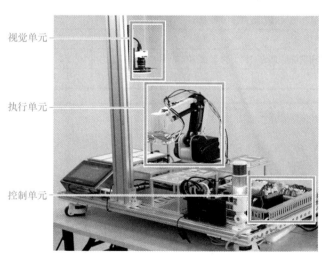

图 1-1　机器视觉系统应用实训平台（初级）的结构布局

步骤2：描述各结构的功能。

1）视觉单元：机器视觉系统的核心单元，可以实现工件有无/正反的检测、颜色和位置的判断、定位、2D尺寸测量、ID识别和字符识别等功能。

2）执行单元：一般为运动控制机构，接收控制单元发出的信号，执行对应的机器人指令，完成相应的动作。

3）控制单元：主要为视觉单元和执行单元间的通信搭建桥梁。当视觉单元完成图像采集与分析之后，控制单元就会接收来自视觉单元处理后反馈的逻辑控制信息，然后发送信号给执行单元，控制执行单元完成接下来的动作。

2.描述机器视觉系统应用实训平台（初级）的工作流程

步骤1：观看实训平台的工作过程演示。

步骤2：描述实训平台的工作流程。

在适当的光源照射下，视觉算法软件DobotVisionStudio收到拍照触发信号后，采集检测对象的图像，然后对图像进行处理与分析，得到检测结果（如位置、颜色、尺寸和识别等信息），并根据系统需求，将相关信息发送给机器人。机器人收到信息之后，执行相应的动作。

评价反馈

各组代表介绍任务实施过程，并完成评价表（见表1-4）。

表1-4 评价表

类别	考核内容	分值	评价分数		
			自评	互评	教师
理论	了解机器视觉的定义	5			
	了解机器视觉系统的特点	10			
	理解机器视觉系统的典型应用	15			
技能	能够认识机器视觉系统应用实训平台（初级）的结构布局	10			
	能够描述机器视觉系统应用实训平台（初级）各结构的功能	20			
	能够描述机器视觉系统应用实训平台（初级）的工作流程	30			
素养	遵守操作规程，养成严谨科学的工作态度	2			
	根据工作岗位职责，完成小组成员的合理分工	2			
	团队合作中，各成员能够准确表达自己的观点	2			
	严格执行6S现场管理	2			
	养成总结训练过程和训练结果的习惯，为下次训练积累经验	2			
	总分	100			

相关知识

机器视觉系统
介绍

1.机器视觉的定义

机器视觉是人工智能领域正在快速发展的一个分支。简单来说，机器视觉就是用机器代替人眼做测量和判断。机器视觉系统是通过工业相机采集检测目标的图像信号，然后传送给专用的机器视觉软件，得到检测对象的形态信息，根据像素分布、亮度和颜色等信息，转变成数字信号。机器视觉软件对这些信号进行各种运算来抽取检测目标的特征，进而根据判别的结果来控制现场的设备动作。

2.机器视觉系统的特点

机器视觉技术提高了生产的柔性和自动化程度，方便了信息的获取和集成，是实现计算机集成制造的基础技术。

机器视觉系统的特点如下：

1）安全可靠。机器视觉系统的最大优点是观测者不需要与被观测对象接触，因此对观测者与被观测者都不会产生任何损伤，安全可靠。另外，机器视觉系统可以不分昼夜、长时间不间断地进行观察，所以机器视觉系统可以广泛地用于需要长时间进行观察的恶劣工作环境中。

2）重复性。机器视觉系统可以用相同的方法一次次地完成检测工作而不会感到疲倦。人则不同，人眼如果长时间重复进行观察检测工作，会产生疲倦感。

3）精确性。人类眼睛的分辨率有限，无法直接观测微小的目标，机器视觉系统则可以直接观测微米级的目标；人眼能观测的目标速度有限，太快人眼容易看不清楚，而机器视觉系统则可以将快门时间设定为千分之一秒级别，这在高速运动场景的观察中有重要价值。

4）效率高。机器视觉系统能够快速获取大量信息，可以自动处理信息，也易于集成设计信息及加工控制信息，尤其是在大批量重复的工业生产过程中，人工检查易导致产品生产效率低且精度不高，用机器视觉系统检测可以大大提高生产效率和生产的自动化程度。

5）成本较低。随着计算机处理器价格的下降，机器视觉系统的性价比也变得越来越高，且操作和维护费用非常低。一台自动检测机器能够承担好几个人的任务，而且机器不会生病，能够连续工作，所以能够极大地提高生产效率和自动化程度。

6）客观性。人眼检测还有一个致命的缺陷，就是情绪带来的主观性，检测准确率会随操作人员心情的好坏产生变化，而机器视觉系统不会受到情绪影响，检测的结果非常客观可靠。

3. 机器视觉系统的组成

一个完整的机器视觉系统包括视觉单元、执行单元、控制单元等。

（1）视觉单元　视觉单元是机器视觉系统的核心单元，可以实现工件有无 / 正反的检测、颜色 / 位置的判断、定位、2D 尺寸测量、ID 识别及字符识别等功能。

视觉单元包括光源、镜头（定焦、变倍、远心和显微镜头）、相机（包括 CCD 和 CMOS 相机）和机器视觉软件等几个部分。一套机器视觉系统的好坏取决于相机像素的高低、硬件质量的优劣，更重要的是各个部件间的相互配合和合理使用。

光源是影响机器视觉系统输入数据的重要因素，它直接影响输入数据的质量和应用效果。光源的主要目的是使被测目标的重要特征和非必要特征产生最大对比度，即将被测目标的重要特征显现出来，同时将非必要特征抑制掉，最终形成对处理过程最佳的图像效果。这样一方面降低了图像算法的复杂度，另一方面保证了捕获图像的稳定性，提高了系统的精度。所以，一般在选择光源时，会考虑光源的对比度、亮度和颜色等基本要素。除此之外，还要根据工作环境的要求，如现场及工作距离来选定用何种光源。

镜头用于聚集光线，使被测目标能够在相机传感器芯片（CCD 或者 CMOS）上呈现出清晰的图像。作为成像部件，镜头通常要与相机、光源配合使用。

相机用来将光学图像转化为模拟 / 数字图像，再将相应的信号传输给机器视觉软件。与普通相机相比，工业相机具有输出图像质量高、抗干扰能力强、可长时间工作等优点，其核心部件是用以接收光线的 CCD 或者 CMOS 芯片。

机器视觉软件是根据实际需求设计的一套处理被测目标图像的算法，并输出相关的信号，其属于机器视觉系统的核心。在实际中，根据不同的应用场景会开发或使用不同的机器视觉软件。比较通用的机器视觉软件有德国的 HALCON、美国康耐视的 VisionPro。

（2）执行单元　执行单元根据指令执行动作，直接作用于被测物体。一般将机器人或者电动机作为执行单元，该部分一般与控制单元构成同一整体。

（3）控制单元　控制单元接收来自机器视觉软件处理后的反馈信息，用于控制执行单元。控制单元可以是 PLC 或者工控机。

4. 机器视觉系统的基本工作原理

人的运动方式是先通过眼睛观察到目标，然后经过大脑处理做出相应的判断，最后由大脑发出指令使身体做出相应的动作。

机器视觉系统的工作原理与人的运动方式比较相似。在充足的光源照射下，通过相机采集拍摄目标的图像，然后将图像传输给机器视觉软件，再由机器视觉软件将拍摄目标的像素分布、亮度、颜色等信息，转变为数字信号，经过机器视觉软件处理，分析出拍摄目标的特征，从而实现识别、定位、测量及检测等功能。机器视觉软件将结果发送给其他设备，其他设备收到信息之后，便执行相应的动作。机器视觉系统的基本工作原理如图 1-2 所示。

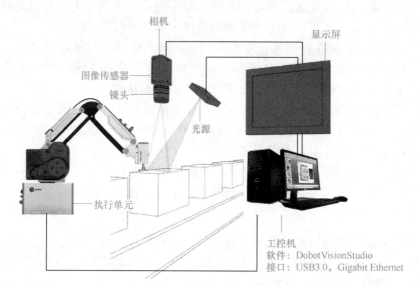

图 1-2　机器视觉系统的基本工作原理

5. 机器视觉系统的典型应用

由于机器视觉系统自身的优点，使得其在精度、速度和质量等方面比人工更具有优势，平均成本也有所降低，因此得到了广泛的应用。

（1）机器视觉识别应用　在机器视觉系统识别应用中，包括：标准的一维码及二维码的解码、直接部件标识（DPM），光学字符识别（OCR）和光学字符验证（OCV）等。

二维码在生产生活中应用极广，通过对二维码的识别，可以得到包括制造商名称、产品标识、批号以及几乎任何成品都使用的唯一序列号等信息。机器视觉系统识别二维码如图 1-3 所示。

图 1-3　机器视觉系统识别二维码

（2）机器视觉测量应用　机器视觉的主要特点就是非接触测量，能够避免接触测量带来的二次磨损。利用机器视觉能够进行尺寸、圆半径/直径、角度和面积等的测量。常见的机器视觉测量应用包括齿轮、接插件、汽车零部件、IC元器件引脚、麻花钻、罗定螺纹等的测量。机器视觉测量如图1-4所示。

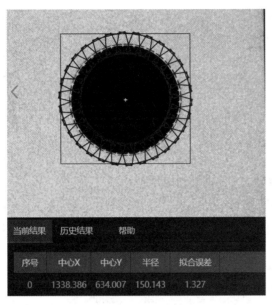

图1-4　机器视觉测量

（3）机器视觉检测应用　检测是机器视觉在工业领域主要的应用之一，几乎所有产品都需要经过检测。人工检测存在着较多的弊端，如准确率低，如果长时间工作，准确率更无法保证；检测速度慢，容易影响整个生产过程的效率。

机器视觉检测应用包括颜色和缺陷检测、零件或组件的有无检测、被测目标位置和方向检测等。具体应用案例有：检测片剂式药品是否存在缺陷；检测显示屏，以检测图标的正确性或确认像素的存在性；检测触摸屏，以测量背光对比度水平等。机器视觉还能检测产品的完整性，如在食品和医药行业，机器视觉用于确保产品与包装的匹配性，以及检查包装瓶上的安全密封垫、封盖和安全环是否存在。机器视觉检测如图1-5所示。

图1-5　机器视觉检测

（4）机器视觉定位应用　机器视觉定位要求机器视觉系统能够快速、准确地找到被测零件并确认其位置，从而确保零件的正确装配，如将零件放入货盘或从货盘中拾取零件；对传送带上的零件进行包装；对零件进行定位和对位，以便将其与其他部件装配在一起；将零件放置到工作架上；将零件从箱子中移走。机器视觉定位如图1-6所示。

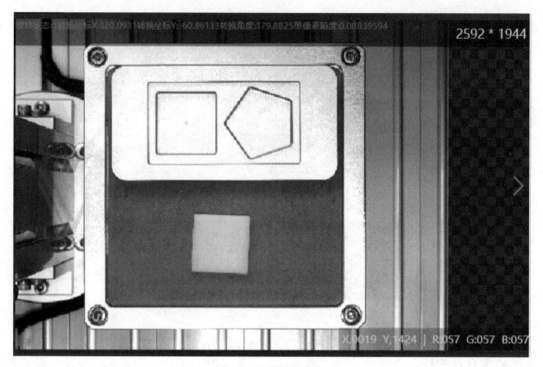

图1-6　机器视觉定位

项目总结

本项目介绍了机器视觉的定义，机器视觉系统的特点、组成、基本工作原理及典型应用，使读者初步认识了机器视觉系统，为后期进一步学习机器视觉系统打下基础。

拓展阅读

我国机器视觉的发展前景

我国的机器视觉应用起源于20世纪80年代的技术引进，而真正应用在工业领域还不到10年时间。2004年后，我国本土机器视觉企业开始研发具有自主核心技术的机器视觉软硬件，并在多个领域取得重大突破。2012以来，我国陆续制定并出台了一系列智能制造装备产业规化和专项政策，以推动制造业向更加智能化、自动化的方向发展，这为机器视觉行业的发展营造了良好的政策环境。

据高工产研锂电研究所（GGII）数据显示，我国的机器视觉行业市场规模在2014～2019年的复合增长率为28.36%，2019年机器视觉行业市场规模已达65.50亿元，2020年达到了79亿元。2014～2020年我国机器视觉行业市场规模如图1-7所示。

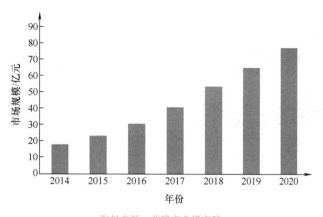

资料来源：前瞻产业研究院

图 1-7　2014 ～ 2020 年我国机器视觉行业市场规模

在政府支持和下游应用拓展的推动下，我国机器视觉行业的发展前景广阔。机器视觉行业应用场景的不断拓展和延伸，将对行业技术提出更高的要求和更有针对性的需求，未来机器视觉行业将向着主动视觉、3D 视觉、与 5G 融合、深度学习和嵌入式视觉等方向不断发展。

项目 2
机器视觉系统安装

02

项目引入

　　早期的工业机器人不配备外部传感器，无法对外部环境的信息做出反应，工业机器人只能通过记忆轨迹并复现来实现工件的精准装配，这对工业机器人绝对定位精度提出了很高的要求，需要进行大量调试，无法达到真正意义上的柔性化生产。随着机器视觉技术及机器人融合传感器技术的不断发展，通过机器视觉技术可以使工业机器人识别现场环境，从而调整工业机器人的位姿，解决工业机器人装配操作时的目标识别与抓取操作的问题，实现柔性装配。

　　本项目将介绍机器视觉系统的硬件安装、机器视觉软件和机器人软件的安装与测试，为接下来机器视觉系统的正常工作奠定基础。

知识图谱

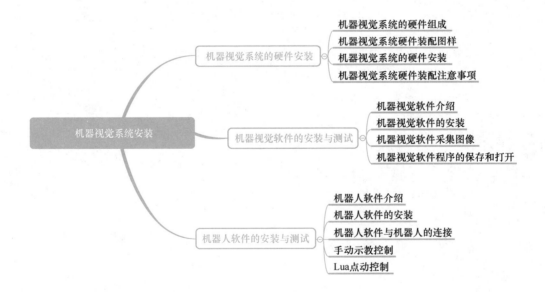

任务 2.1　机器视觉系统的硬件安装

学习情境

"工欲善其事，必先利其器"，要实现机器人像人类一样能够"看见"，然后完成一系列特定动作，就需要为机器人安装一双"火眼金睛"来代替人眼做检测。本任务介绍机器视觉系统的硬件安装，需要严格按照装配图来完成，确保相机的安装位置合适，安装过程中避免设备发生碰撞。

学习目标

知识目标

1）了解什么是装配图。
2）了解装配图的作用和内容。

技能目标

1）能够读懂组件、机器以及设备的技术图样，独立完成机器视觉系统的硬件安装。
2）能够根据对现场环境的分析，调整相机的安装位置，避免机器人在运行过程中与相机发生碰撞。
3）能够按装配步骤完成光源的安装。

素养目标

1）根据工作岗位职责，完成小组成员的合理分工。
2）团队合作中，各成员能够表达自己的观点。
3）养成安全规范操作的行为习惯。

工作任务

根据机器视觉系统套件的机械装配图完成机器视觉系统硬件部分的安装，包括固定支架、相机、镜头、光源和线束的安装。

任务分工

根据任务要求，对小组成员进行合理分工，并填写在表 2-1 中。

表 2-1　任务分工表

班级		组号		指导老师	
组长		学号			
组员及分工	姓名		学号		任务分工

获取信息

引导问题1：什么是装配图？它有什么重要性？

_____

_____

_____

引导问题2：图2-1为相机与光源部分的固定支架装配图，可以看出装配图包括哪些内容？

_____

_____

_____

引导问题3：根据图2-1相机与光源部分的固定支架装配图和图2-2电气装配图，可以看出机器视觉系统的硬件安装需要用到哪些零部件？

_____

_____

_____

引导问题4：在机器视觉系统硬件的安装过程中应注意哪些事项？

_____

_____

_____

_____

工作计划

1）制定工作方案，见表2-2。

表2-2　工作方案

步骤	工作内容	负责人

2）列出核心物料清单，见表2-3。

表2-3　核心物料清单

序号	名称	型号/规格	数量

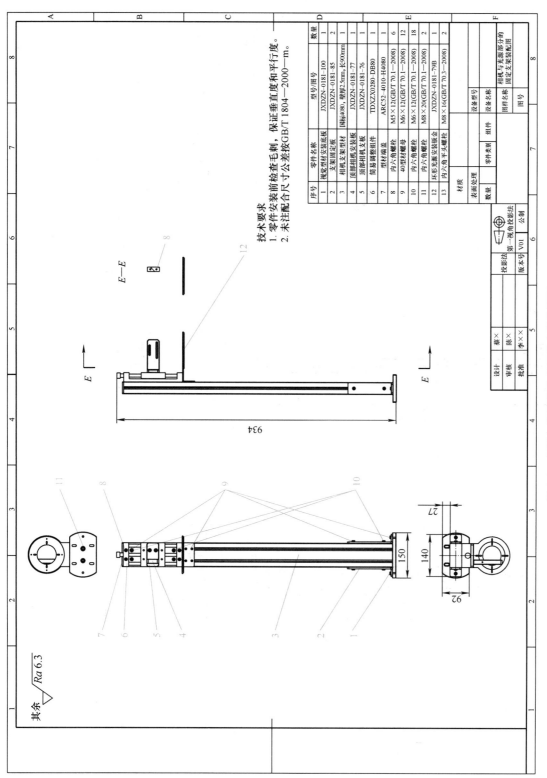

图 2-1　相机与光源部分的固定支架装配图

技术要求
1. 零件安装前检查毛刺，保证垂直度和平行度。
2. 未注配合尺寸公差按GB/T 1804—2000—m。

序号	零件名称	型号/图号	数量
1	观觉型材安装底板	JXDZN-0181-100	1
2	支架固定板	JXDZN-0181-85	2
3	相机支架型材	围楠φ080，壁厚2.5mm，长900mm	1
4	顶部相机安装板	JXDZN-0181-77	1
5	顶部相机支板	JXDZN-0181-76	1
6	简易调整组件	TDNZX0280-DB80	1
7	型材端盖	ARC52-4010-H4080	1
8	内六角螺栓	M5×12(GB/T 70.1—2008)	6
9	40型材螺母	M6×12(GB/T 70.1—2008)	12
10	内六角螺栓	M6×12(GB/T 70.1—2008)	18
11	内六角螺栓	M8×20(GB/T 70.1—2008)	2
12	环形光源安装钣金	JXDZN-0181-79B	2
13	内六角平关螺栓	M8×16(GB/T 70.3—2008)	2

材质　零件类别　组件　设备型号　设备名称　图样名称　相机与光源部分的固定支架装配图
表面处理　　　　　　　　　　　图样代号　图号

设计	蔡×	投影法	第一视角投影法
审核	陈×	版本号	V01
批准	李××		公制

13

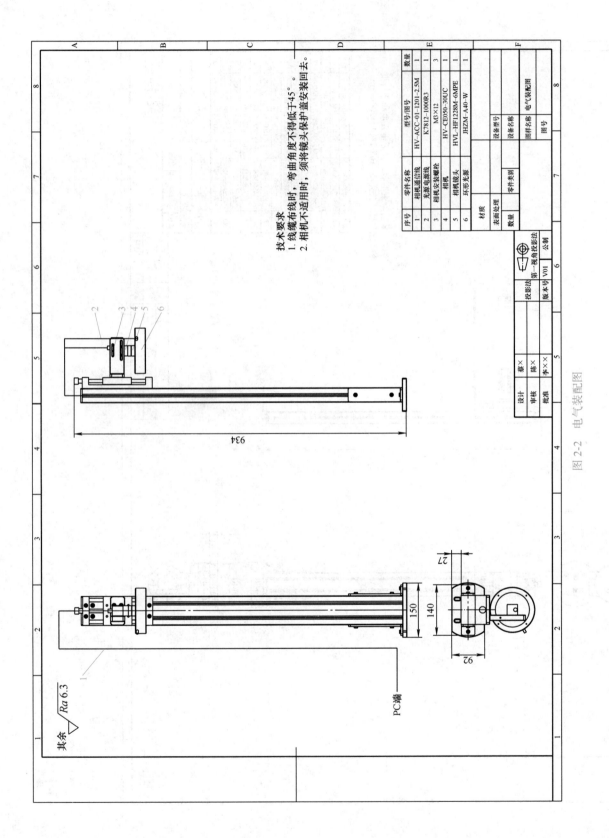

图 2-2 电气装配图

技术要求
1. 线缆布线时，弯曲角度不得低于45°。
2. 相机不适用时，须将镜头保护盖安装回去。

序号	零件名称	型号/图号	数量
1	相机通信线	HV-ACC-01-1201-2.5M	1
2	光源电源线	K7812-1000R3	1
3	相机安装螺栓	M3×12	3
4	相机	HV-CE050-30UC	1
5	相机镜头	HVL-HF1228M-6MPE	1
6	环形光源	JHZM-A40-W	1

工作实施

1. 准备物料

在机器视觉系统硬件安装前，根据固定支架装配图（见图 2-1）和电气装配图（见图 2-2），需要准备的物料见表 2-4。

表 2-4　物料清单

序号	名称	型号	参考图片	数量
1	内六角螺栓	M5×12		6
2	内六角螺栓	M6×12		18
3	内六角螺栓	M8×20		2
4	内六角平头螺栓	M8×16		2
5	型材端盖	ARC52-4010-H4080		1
6	40 型材螺母	M6×12		12
7	视觉型材安装底板	JXDZN-0181-100		1
8	支架固定板	JXDZN-0181-85		2
9	相机支架型材	4080，壁厚 2.5mm，长 900mm		1
10	简易调整组件	TDXZX0280-DB80		1
11	顶部相机支板	JXDZN-0181-76		1
12	顶部相机安装板	JXDZN-0181-77		1
13	环形光源安装钣金	JXDZN-0181-79B		1
14	相机	HV-CE050-30UC		1
15	相机安装螺栓	M3×12		3
16	相机通信线	HV-ACC-01-1201-2.5M		1
17	镜头	HVL-HF1228M-6MPE		1
18	光源电源线	K7812-1000R3		1
19	环形光源	JHZM-A40-W		1

2. 安装机器视觉系统的硬件

步骤 1：用 2 个内六角螺栓 M8×20 将视觉型材安装底板固定在相机支架型材底部，如图 2-3 所示。

图 2-3　固定视觉型材安装底板

步骤 2：将 2 个 40 型材螺母装入相机支架型材侧面槽内，如图 2-4 所示。同理，完成另一侧 40 型材螺母的安装。

图 2-4　安装 40 型材螺母

步骤 3：用 3 个内六角螺栓 M6×12 将一个支架固定板固定在相机支架型材的一侧和底板上，如图 2-5 所示。

图 2-5　安装支架固定板

步骤 4：参考步骤 3 的安装方法，完成另一侧支架固定板的安装，如图 2-6 所示。

图 2-6　安装两侧支架固定板

步骤 5：将 8 个 40 型材螺母安装入相机支架型材侧面槽内，如图 2-7 所示。

图 2-7　安装 40 型材螺母

步骤 6：用 4 个内六角螺栓 M6×12 和 40 型材螺母将顶部相机支板固定在相机支架型材的另一端（注意孔位与 40 型材螺母槽一致），再用 4 个内六角螺栓 M5×12 把简易调整组件安装到一起，如图 2-8 所示。

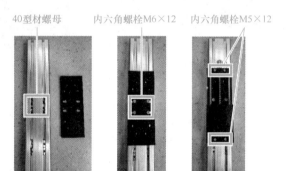

40型材螺母　　内六角螺栓M6×12　　内六角螺栓M5×12

图 2-8　安装简易调整组件

步骤 7：先用 2 个内六角头螺栓 M5×12 将顶部相机安装板固定在简易调整组件上，再将相机镜头组装到相机上，最后用 3 个 M3×12 相机螺栓将相机固定在顶部相机安装板上，如图 2-9 所示。

图 2-9　安装相机

步骤 8：将环形光源安装在相机上，拧紧环形光源上的 3 个螺栓，将环形光源固定在镜头上，如图 2-10 所示。

图 2-10　安装环形光源

步骤 9：用 4 个内六角螺栓 M6×12 和 40 型材螺母一起将环形光源安装钣金固定在相机支架型材上，如图 2-11 所示。

图 2-11　固定环形光源安装钣金

步骤 10：用 4 个内六角螺栓 M6×12 和 40 型材螺母将前面安装好的相机及光源固定支架安装在机台上，如图 2-12a 所示；用 2 个内六角平头螺栓将型材端盖装在支架顶部，如图 2-12b 所示。

a) 相机及光源固定支架安装在机台上　　　　b) 型材端盖安装在支架顶部

图 2-12　安装在机台上的视觉固定

步骤 11：安装相机通信线。通信线的 USB 端口插入计算机的 USB 接口，另外一端连接相机，如图 2-13 所示。

图 2-13　安装相机通信线

步骤 12：将光源电源线接入机器人的电源输出端口，然后将光源电源线和相机通信线进行固定，这样便完成了机器视觉系统硬件的安装。组件安装完成的最终效果如图 2-14 所示。

图 2-14　组装完成效果图

3. 装配完成后的检查工作

1）检查装配工作的完整性，核对装配图样，检查有无漏装的零件。

2）检查各零件安装位置的准确性，根据装配图样进行检测。

3）检查各连接部分的可靠性。

评价反馈

各组代表介绍任务实施过程，并完成评价表（见表 2-5）。

表 2-5　评价表

类别	考核内容	分值	评价分数		
			自评	互评	教师
理论	了解什么是装配图	10			
	了解装配图的重要性	10			
	了解装配图的内容	10			
技能	能够读懂组件、机器以及设备的技术图样，独立完成机器视觉系统的硬件安装	20			
	能够根据对现场环境的分析，调整相机的安装位置，避免机器人在运行过程中与相机发生碰撞	20			
	能够按装配步骤完成光源的安装	20			
素养	遵守操作规程，养成严谨科学的工作态度	2			
	根据工作岗位职责，完成小组成员的合理分工	2			
	团队合作中，各成员能够准确表达自己的观点	2			
	严格执行 6S 现场管理	2			
	养成总结训练过程和训练结果的习惯，为下次训练积累经验	2			
	总分	100			

相关知识

识读装配图

　　装配工作是产品制造的后期工作，装配质量的好坏，对整个产品的质量起着决定性作用，只有按照产品装配图，制定合理的装配工艺规程，并按照装配工艺规程进行装配，才能实现工作效率高、成本费用少、产品质量优的目标。

　　1. 装配图的重要性

　　机器和部件都是由若干个零件按一定装配关系和技术要求装配而成的。表示产品及其组成部分的连接、装配关系的图样，称为装配图。装配图是生产中重要的技术文件，它主要表示机器或部件的结构、形状、装配关系、工作原理和技术要求。同时，装配图还是安装、调试、操作、检修机器和部件的重要依据。

　　2. 装配图的内容

　　一张完整的装配图如图 2-15 所示，一般包括一组视图、必要尺寸、技术要求、序号、明细栏、标题栏等几部分。

　　（1）一组视图　一组视图用以表示机器或部件的结构、装配关系、连接方式及零件的基本结构等。

　　（2）必要尺寸　必要尺寸用以表示机器或部件的规格、外形大小，及装配、安装所需的尺寸、总体尺寸。

　　（3）技术要求　技术要求是用符号或文字说明机器或部件在装配、检验、调试和使用等方面的要求、规则和说明等。

　　（4）序号与明细栏　在装配图上，组成机器或部件的每一种零件（结构形状、尺寸规格及材料完全相同的为一种零件）必须按一定的顺序编上序号，并编制明细栏。明细栏中注明各种零件的序号、名称、型号/图号和数量等，以便进行读图、图样管理，及生产准备、生产组织工作。

　　（5）标题栏　标题栏用以说明机器或部件的名称、图号、设计单位、制图及审核等内容。

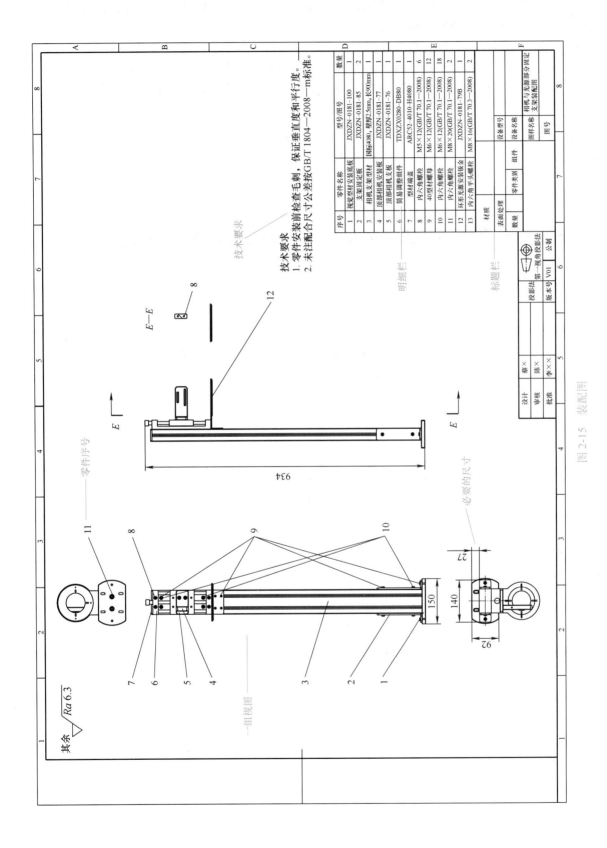

图2-15 装配图

序号	零件名称	型号/图号	数量
1	视觉型材安装底板	JXDZN-0181-100	1
2	支架固定板	JXDZN-0181-85	2
3	相机支架型材	国标i4080, 壁厚2.5mm, K900mm	1
4	顶部相机安装板	JXDZN-0181-77	1
5	顶部相机支板	JXDZN-0181-76	1
6	简易调整组件	TDXZX0280-DB80	1
7	型材端盖	ARCS2-4010-H4080	1
8	内六角螺栓	M5×12(GB/T 70.1—2008)	6
9	40型材螺母	M6×12(GB/T 70.1—2008)	12
10	内六角螺母	M6×12(GB/T 70.1—2008)	18
11	环形光源安装板金	M8×20(GB/T 70.1—2008)	1
12	内六角平头螺栓	JXDZN-0181-79B	1
13		M8×16(GB/T 70.3—2008)	2

材质 表面处理 数量 零件类别 组件 设备名称 图号

明细栏

标题栏

设备型号 图样名称 相机与光源部分固定支架装配图

投影法 第一视角投影法 公制

版本号 V01

设计 蔡× 审核 陈× 批准 李××

技术要求

技术要求
1. 零件安装前检查毛刺，保证垂直度和平行度。
2. 未注配合尺寸公差按GB/T 1804—2008—m标准。

E—E

934

零件序号

组件图

必要的尺寸

27
140
150
92

其余 $\sqrt{Ra\,6.3}$

3. 装配前的准备工作

1）熟悉产品的装配图、工艺文件和技术要求，了解产品的结构、零件的作用以及相互连接关系。

2）确定装配方法、顺序和准备所需要的工具。

3）检查零件型号是否正确、数量是否准确。

4）检测机械零部件尺寸是否正确、物料是否齐全、数量是否准确、各零部件是否有损伤。

5）确定装配顺序。一般按先下后上、先内后外、先难后易、先重大后轻小的原则进行。

4. 装配后的检查工作

1）检查装配工作的完整性，核对装配图样，检查有无漏装的零件。

2）根据装配图样检查各零件安装位置的准确性。

3）检查各连接部分的可靠性。

任务 2.2 DobotVisionStudio 软件安装与测试

学习情境

机器视觉系统硬件安装完成后，接下来就要进行机器视觉软件的安装和测试，要确保软件能够正常采集图像，并且对图像做出处理和检测，实现丰富的功能，如视觉识别、检测、测量和定位等。

学习目标

知识目标

1）了解机器视觉软件 DobotVisionStudio 的界面组成。

2）了解机器视觉软件 DobotVisionStudio 的功能特性。

技能目标

1）能够下载与安装机器视觉软件 DobotVisionStudio。

2）能够使用 DobotVisionStudio 采集到清晰的图像。

素养目标

1）根据工作岗位职责，完成小组成员的合理分工。

2）团队合作中，各成员能够表达自己的观点。

3）养成安全规范操作的行为习惯。

工作任务

安装机器视觉软件 DobotVisionStudio，并连接相机，应用该软件完成图像的采集与预览。

任务分工

根据任务要求，对小组成员进行合理分工，并填写在表 2-6 中。

表 2-6　任务分工表

班级		组号		指导老师	
组长		学号			
组员及分工	姓名	学号		任务分工	

获取信息

引导问题 1：什么是机器视觉软件?

_____

_____

引导问题 2：机器视觉软件 DobotVisionStudio 对计算机运行环境中的操作系统和内存有什么要求?

_____

_____

工作计划

1）制定工作方案，见表 2-7。

表 2-7　工作方案

步骤	工作内容	负责人

2）列出核心物料清单，见表 2-8。

表 2-8　核心物料清单

序号	名称	型号 / 规格	数量

工作实施

1. 安装机器视觉软件 DobotVisionStudio

步骤 1：在浏览器中搜索网址 https://cn.dobot.cc/，进入越疆科技官网。

步骤 2：进入官网后，选择"支持"→"教育套件"→"下载中心"→"机器人视觉套件"→"DobotVisionStudio v4.1.0"（软件版本号以官网最新发布为准），单击"下载"按钮，即可下载软件安装包，如图 2-16 所示。

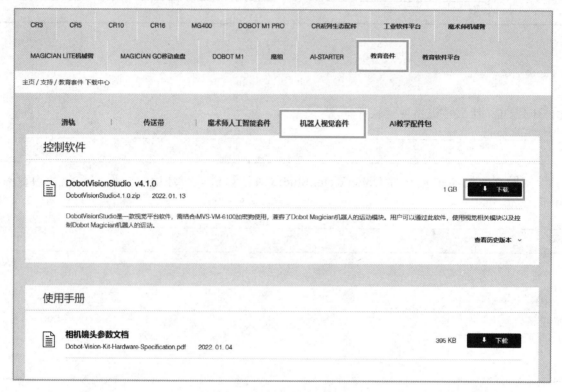

图 2-16　下载软件安装包

步骤 3：解压缩安装包，如图 2-17 所示。解压缩完成后，双击 DobotVisionStudio4.1.0.exe 进行安装。

名称	修改日期	类型	大小
DobotVisionStudio4.1.0.exe	2022/2/23 14:37	应用程序	1,103,755...
MVS_STD_3.1.0_181229.exe	2022/2/23 14:37	应用程序	91,440 KB
ReadMe.txt	2022/2/23 14:37	文本文档	1 KB
先读我.txt	2022/2/23 14:37	文本文档	1 KB

图 2-17　解压缩安装包

步骤 4：选择安装语言。这里选择"中文（简体）"作为示例，单击"OK"按钮确认，如图 2-18 所示。

图 2-18　选择安装语言

步骤 5：单击"下一步"按钮，根据安装向导进行软件安装，如图 2-19 所示。

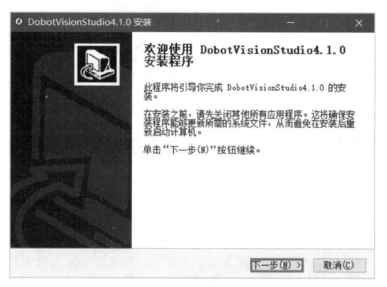

图 2-19　开始安装

步骤 6：选择组件。选择"Hard EncryPtion""AlgorithmInstall"及"CameraDriver"，单击"下一步"按钮，如图 2-20 所示。

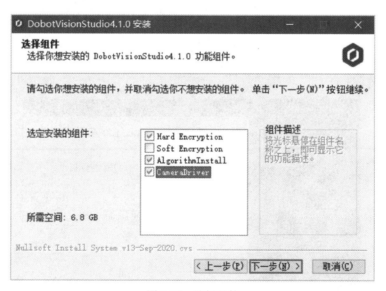

图 2-20　选择组件

步骤 7：选择安装路径。单击"浏览（B）..."按钮，自定义软件的安装路径。再单击"安装"按钮，开始安装软件，如图 2-21 和图 2-22 所示。

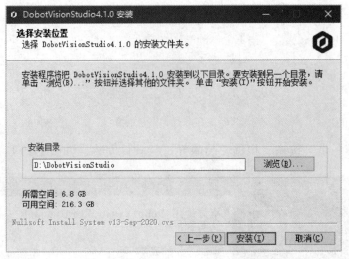

图 2-21　选择安装路径

图 2-22　软件安装过程

步骤 8：单击"完成"按钮，退出安装向导，如图 2-23 所示。

图 2-23　安装完成

2. 采集清晰图像

利用图像处理子工具箱中的清晰度评估工具进行图像清晰度评估。

步骤 1：首先打开环形光源，然后启动 DobotVisionStudio 软件，在软件初始界面选择"通用方案"，然后进入 DobotVisionStudio 的功能界面，如图 2-24 所示。

DobotVision-Studio 测试

图 2-24　DobotVisionStudio 软件初始界面

步骤 2：手动把标定板放置于视觉系统检测台上。在工具箱中，选择"采集"子工具箱的"图像源"模块，将其拖拽到流程编辑区域，建立方案流程，如图 2-25 所示。

图 2-25　建立方案流程

步骤 3：双击流程编辑区域的"0 图像源 1"，设置"图像源"为"相机"，然后单击"相机管理"图标，如图 2-26 所示，弹出"相机管理"对话框。

图 2-26　图像源选择

步骤 4：在"相机管理"对话框中，单击"设备列表"后面的"＋"，列表中出现"1 全局相机 1"。在"常用参数"选项卡中对全局相机 1 的常用参数进行设置。首先根据连接的实际情况，选择相应的相机型号，如图 2-27 所示。

步骤 5："像素格式"选择"Mono 8"，若实际需求涉及颜色方面的处理，则"像素格式"选择"RGB 8"，如图 2-28 所示。

图 2-27　相机型号选择

图 2-28　像素格式选择

步骤 6：接着在"触发设置"选项卡中对全局相机 1 进行触发设置。设置"触发源"为"SOFTWARE"，单击"确定"按钮，如图 2-29 所示，返回图像源设置界面。

步骤 7：在图像源设置界面，单击"关联相机"下拉列表框，选择"1 全局相机 1"，如图 2-30 所示。

图 2-29　触发源选择

图 2-30　图像源中关联相机的选择

步骤 8：启动相机进行图像采集，单击工具栏中的"连续执行"按钮连续获取图像，如图 2-31 所示。进入关联相机的"相机管理"对话框，对全局相机 1 的曝光时间进行调整。单击"曝光时间"后会出现曝光条，左右拖动曝光条可以减少或增加曝光时间，观察曝光时间长短对图像的影响，如图 2-32 所示。

图 2-31　单击"连续执行"

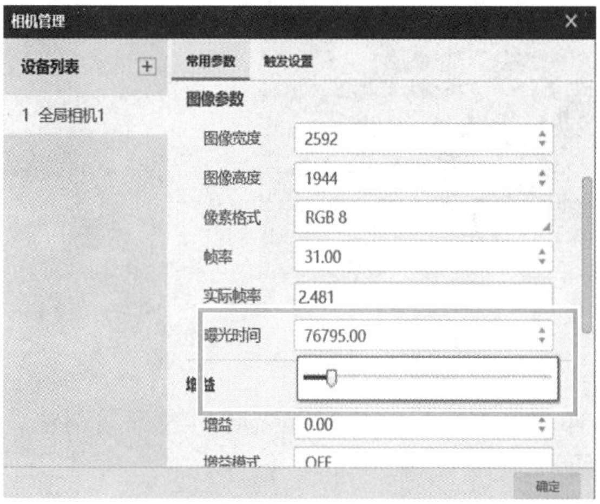

图 2-32　调节曝光时间

步骤 9：选取一个图像较清晰的曝光时间，然后调节镜头的光圈环和对焦环，如图 2-33 所示，直到出现清晰的图像为止，然后锁紧光圈环和对焦环，单击"停止执行"按钮。一般先将光圈值调为 2.8，再调节对焦环。

图 2-33　镜头

步骤 10：判定对焦是否准确、图像是否清晰，可以通过滚动鼠标滚轮将图像显示区域的图像放大，观察过渡像素来进行评估，如图 2-34 所示。当过渡像素最少时，图像最清晰，此时应停止调节对焦环，并锁紧对焦环。

a) 过渡像素较多的原始图像   b) 过渡像素较多放大后的图像

c) 过渡像素较少的原始图像   d) 过渡像素较少放大后的图像

图 2-34　对焦环对图像质量的影响

步骤 11：光圈环和对焦环调整完成后，再对曝光时间进行微调整，使图像的亮度均匀、对比度高，图像采集结果如图 2-35 所示。

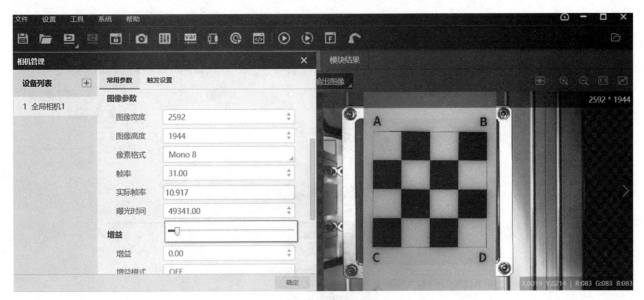

图 2-35　图像采集结果显示

注意：图像采集的微调方法为放入彩色的方块，观察采集到的方块图像颜色，当方块图像的颜色与直接观察到的颜色一致时，停止拖动曝光条，此时的曝光时间为最佳曝光时间。

步骤 12：在工具箱中选择"采集"子工具箱的"输出图像"模块，将其拖拽到流程编辑区域，然后从"0 图像源 1"模块下方拖拽出箭头连接"1 输出图像 1"，如图 2-36 所示。

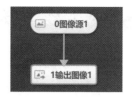

图 2-36　图像存储方案流程

步骤 13：双击"1 输出图像 1"，打开输出图像基本参数设置界面进行基本参数设置。开启"存图使能"，然后设置渲染图路径，并给渲染图命名，如图 2-37 所示。相应参数设置完成后，单击"执行"按钮，就可以将采集到的图像存储到指定的文件夹内。

图 2-37　输出图像 1 的基本参数设置

步骤 14：在工具箱中选择"图像处理"子工具箱中的"清晰度评估"模块，将其拖拽到流程编辑区，建立图像清晰度评估视觉方案，如图 2-38 所示。

图 2-38　建立图像清晰度评估视觉方案

步骤 15：双击"3 清晰度评估 1"，打开清晰度评估基本参数设置界面，选择对应图像输入源，然后在"运行参数"选项卡中选择"评价模式"为"梯度平方"，其余参数保持默认值，如图 2-39 所示。

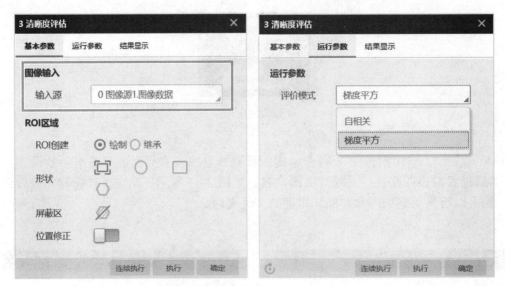

图2-39　清晰度评估参数设置

步骤16：选中"3清晰度评估1"模块，可以在图像显示区域和结果显示区域查看图像的清晰度，如图2-40所示。

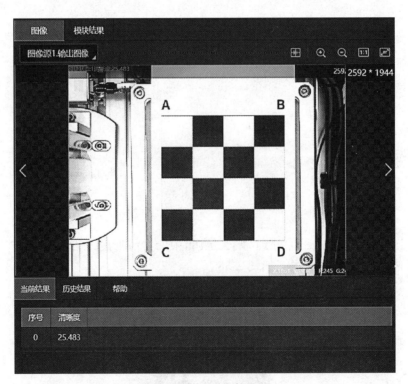

图2-40　图像清晰度结果显示

注意：清晰度数值越大越好。清晰度数值较小，说明图像清晰度不高，需要重新调节相机的曝光时间和镜头的光圈与对焦环。

3. 保存方案

保存方案有两种方式，一种是直接保存，另一种是另存为。

（1）直接保存　方案创建完成之后，单击菜单栏中的"文件"→"保存方案"，即可保存方案，如图2-41所示。

图 2-41　保存方案

（2）另存为　创建新的方案或者修改方案后，单击菜单栏中的"文件"→"方案另存为"，可保存当前配置好的方案文件到指定的路径，如图 2-42 所示。

图 2-42　方案另存为

4. 打开方案

步骤 1：如图 2-43 所示，单击菜单栏中的"文件"→"打开方案"。

图 2-43　打开方案

步骤 2：找到之前创建并保存的方案，选中方案文件后单击"打开"即可。

各组代表介绍任务实施过程，并完成评价表（见表2-9）。

表2-9 评价表

类别	考核内容	分值	评价分数		
			自评	互评	教师
理论	了解机器视觉软件 DobotVisionStudio 的界面组成	15			
	了解机器视觉软件 DobotVisionStudio 的功能特性	15			
技能	掌握机器视觉软件 DobotVisionStudio 的下载与安装	30			
	能应用 DobotVisionStudio 采集到清晰图像	20			
	能正确保存、打开视觉方案文件	10			
素养	遵守操作规程，养成严谨科学的工作态度	2			
	根据工作岗位职责，完成小组成员的合理分工	2			
	团队合作中，各成员能够准确表达自己的观点	2			
	严格执行 6S 现场管理	2			
	养成总结训练过程和训练结果的习惯，为下次训练积累经验	2			
总分		100			

相关知识

1. 机器视觉软件

机器视觉软件用来完成输入图像数据的处理，通过一定的运算得出结果，这个结果可能是 PASS/FAIL 信号、坐标位置、字符串等。

常见的机器视觉软件以 C/C++ 图像库、ActiveX 控件、图形式编程环境等形式出现，可以是专用功能的，如仅用于 LCD 检测、BGA 检测、模版对准等，也可以是通用目的的，包括定位、测量、条码/字符识别和斑点检测等。

2. DobotVisionStudio 软件简介

（1）软件概述 DobotVisionStudio 是越疆科技有限公司与杭州海康威视数字技术有限公司联合开发的机器视觉软件平台，平台集成了机器视觉多种算法组件，适用于多种应用场景，可快速组合算法，实现对工

DobotVision-
Studio 介绍

件或被测物的查找、测量、缺陷检测等。软件平台拥有强大的视觉分析工具库，可简单灵活地搭建机器视觉应用方案，无须编程；满足视觉定位、测量、检测和识别等视觉应用需求；具有功能丰富、性能稳定、用户操作界面友好的特点。

（2）主界面 DobotVisionStudio 软件的主界面如图2-44所示，主要由9个区域组成，即工具箱、流程栏、菜单栏、快捷工具栏、流程编辑区域、图像显示区域、结果显示区域、鹰眼区域和流程耗时显示区域。

① 工具箱。工具箱包含图像采集、定位、测量、图像生成、识别、标定、运算、图像处理、颜色处理、缺陷检测、逻辑工具、通信和 Magician 机器人命令等功能模块。

② 流程栏。流程栏支持对流程的相关操作。

③ 菜单栏。菜单栏主要包含文件、设置、工具、系统和帮助等模块。

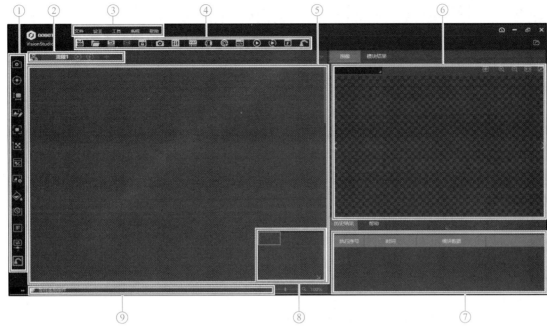

图 2-44 DobotVisionStudio 软件的主界面

④ 快捷工具栏。快捷工具栏主要包含保存文件、打开文件、相机管理和控制器管理等模块。

⑤ 流程编辑区域。在此区域可根据逻辑建立设计方案，实现需求。

⑥ 图像显示区域。在此区域将显示图像的内容以及软件计算处理后的效果。

⑦ 结果显示区域。在此区域可以查看当前结果、历史结果和帮助信息。

⑧ 鹰眼区域。此区域支持全局页面查看。

⑨ 流程耗时显示区域。此区域显示所选单个工具运行时间、总流程运行时间和算法耗时。

（3）功能特性

1）组件拖放式操作，无须编程即可构建视觉应用方案。

2）以用户体验为中心的界面设计，提供图片式可视化操作界面。

3）特定的显示方式，最大限度地节省有限的屏幕显示空间。

4）支持多平台运行，适用于 Windows 7/10（32/64 位操作系统），兼容性高。

（4）运行环境 DobotVisionStudio 软件运行环境说明见表 2-10。

表 2-10 DobotVisionStudio 软件运行环境说明

类别	最低配置	推荐配置
Windows 操作系统	Windows 7/10（32/64 位中、英文操作系统）	
.NET 运行环境	.NET4.6.1 及以上	
CPU	Intel 3845 或以上	Intel Core i7-6700 或以上
内存	4GB	8GB 或更大
网卡	千兆网卡	Intel i210 系列以上性能网卡
显卡	显存 1GB 以上显卡，GPU 相关深度学习功能需要显存 6GB 及以上	
USB 接口	支持 USB3.0 的接口	
软件启用配置	搭配软件平台专用加密狗或授权文件	

（5）工具箱功能

1）图像采集子工具箱：5 种工具，包括图像源、多图采集、输出图像等。

2）定位子工具箱：23 种工具，包括快速特征匹配、高精度特征匹配、圆查找、BLOB 分析、卡尺工具、边缘查找、边缘交点和平行线查找等，主要功能是实现对图像中某些特征的定位或者检测。

3）测量子工具箱：10 种工具，包括线圆测量、线线测量、圆圆测量、点线测量、像素统计和直方图工具等。

4）图像生成子工具箱：3 种工具，包括圆拟合、直线拟合和几何创建。

5）识别子工具箱：3 种工具，包括条码识别、二维码识别和字符识别。

6）标定子工具箱：7 种工具，包括相机映射、标定板标定、N 点标定和畸变标定等。

7）运算子工具箱：7 种工具，包括单点对位、旋转计算、点集对位、标定转换、单位转换、线对位、变量计算。

8）图像处理子工具箱：19 种工具，包括图像组合、形态学处理、图像二值化、图像滤波、图像增强、清晰度评估、仿射变换和圆环展开等。

9）颜色处理子工具箱：4 种工具，包括颜色抽取、颜色测量、颜色转换和颜色识别。

10）缺陷检测子工具箱：16 种工具，包括字符缺陷检测、圆弧边缘缺陷检测、直线边缘缺陷检测等。

11）逻辑子工具箱：12 种工具，包括条件检测、格式化、字符比较、点集和耗时统计等。

12）通信子工具箱：5 种工具，包括接收数据、发送数据、相机 IO 通信、协议解析、协议组装。

13）Magician 机器人命令：9 种工具，包括运动到点、速度比例、回零校准、吸盘开关等，这些工具均需配合 Dobot Magician 使用。

3. 主流的机器视觉软件

（1）国外主流的机器视觉软件　国外主流的机器视觉软件有侧重图像处理的图像软件包 OpenCV、VisionPro、HALCON，侧重算法的 MATLAB、LabVIEW、VisionMaster，以及侧重相机 SDK 开发的 eVision 等。

① OpenCV 开源库。OpenCV（Open Source Computer Vision Library）是一个开源的计算机视觉框架，它包括数百种计算机视觉算法。这些算法可以用来检测和识别人脸、跟踪移动的物体、提取物体的 3D 模型、从图像数据库中找到相似的图像等。

② VisionPro 机器视觉软件。康耐视公司（Cognex）的 VisionPro 软件结合了世界一流的机器视觉技术，拥有强大的应用系统开发能力。可通过使用基于 COM/ActiveX 的 VisionPro 机器视觉工具和 Visual Basic、Visual C++ 等编程环境来开发应用系统。VisionPro 与 MVS-8100 系列图像采集卡相配合，可使得制造商、系统集成商、工程师快速开发和配置出强大的机器视觉应用系统。

③ HALCON 机器视觉算法包。HALCON 是德国 MVtec 公司开发的一套标准的机器视觉算法包，拥有应用广泛的机器视觉集成开发环境，灵活的架构便于机器视觉、医学图像和图像分析应用的快速开发。HALCON 支持 Windows、Linux 和 Mac OS X 操作环境，整个函数库可用 C、C++、C#、Visual Basic 和 Delphi 等多种编程语言进行访问。HALCON 为大量的图像获取设备提供了接口，保证了硬件的独立性。

④ LabVIEW 机器视觉软件。LabVIEW 是基于程序代码的一种图形化编程软件，软件提供了大量的图像预处理、图像分割、图像理解函数库和开发工具，用户只要在流程图中用图标连接器将所需要的子 VI（Virtual Instruments，LabVIEW 开发程序）连接起来就可以完成目标任务。LabVIEW 编程简单，而且工件的识别准确率很高。

⑤ eVision 机器视觉软件。机器视觉软件 eVision 是由比利时 Euresys 公司推出的一套机器视觉软件开发 SDK，它拥有专门用于机器视觉检测且独立于硬件的图像处理和分析库，能够兼容任何图像源，包括采集卡、GigE Vision 相机和 USB3 Vision 相机，支持深度学习与 3D 等最新技术，具有精准

的亚像素级测量与校准的优势。机器视觉厂商可以在 eVision 的基础上方便地进行应用开发，减少底层处理算法的开发任务，缩短项目开发周期。

（2）国内常见的机器视觉软件　国内常见的机器视觉软件有杭州海康威视数字技术股份有限公司推出的 VisionMaster 视觉算法平台、华睿科技股份有限公司自主研发的 MVP 算法平台、奥普特科技股份有限公司的 SciSmart 智能视觉软件、维视数字图像技术有限公司的 VisionBank 软件等。

① VisionMaster 机器视觉软件。杭州海康威视数字技术股份有限公司推出的 VisionMaster 机器视觉算法平台是自主研发的机器视觉软件，平台封装了千余种自主研发的图像处理算子，形成了强大的视觉分析工具库，通过简单灵活的配置，可快速构建机器视觉应用系统，其高精度定位工具可以达到 1/10 像素定位精度，被广泛应用于机器人定位引导、产品自动装配等领域。

② MVP 算法平台。MVP 算法平台是华睿科技股份有限公司自主研发的机器视觉软件，如图 2-45 所示。MVP 算法平台集成了 9 类机器视觉系统基础功能算子，分别为图像采集、定位、图像处理、标定、测量、识别、辅助工具、逻辑控制和通信。

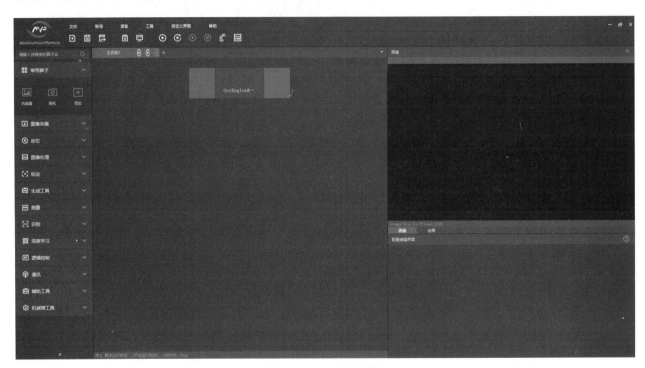

图 2-45　MVP 软件界面

任务 2.3　机器人软件安装与测试

学习情境

给机器人安装视觉系统的软硬件，相当于给机器人安装了"眼睛"和"视觉皮层"，使机器人能够看见并处理视觉信息。同时，机器人也需要由控制软件来驱动其执行运动。

本任务将学习 DobotSCStudio 机器人编程软件的安装方法，并通过手动和编程控制 Magician Pro（以下简称 MG400）机器人的运动。

学习目标

知识目标

1）了解机器人设备的连接方式。

2）了解机器人的编程控制方法。

技能目标

1）独立完成 DobotSCStudio 机器人编程软件的安装。

2）熟练使用 DobotSCStudio 机器人编程软件连接机器人。

3）熟练使用 DobotSCStudio 机器人编程软件编写程序控制机器人运动。

素养目标

1）根据工作岗位职责，完成小组成员的合理分工。

2）团队合作中，各成员能够表达自己的观点。

3）养成安全规范操作的行为习惯。

工作任务

安装机器人编程软件 DobotSCStudio，使用该软件连接机器人，然后编写示教点程序，测试该软件能否控制机器人运动，即验证 DobotSCStudio 机器人编程软件能否正常使用。

任务分工

根据任务要求，对小组成员进行合理分工，并填写在表 2-11 中。

表 2-11　任务分工表

班级		组号		指导老师	
组长		学号			
组员及分工	姓名		学号		任务分工

获取信息

引导问题 1：DobotSCStudio 软件支持的编程语言有几种？各是什么？

_____

_____

引导问题 2：机器人点动控制时，有哪两种点动方式？

_____

_____

工作计划

1）制定工作方案，见表 2-12。

表 2-12　工作方案

步骤	工作内容	负责人

2）列出核心物料清单，见表 2-13。

表 2-13　核心物料清单

序号	名称	型号/规格	数量

工作实施

DobotSCStudio 软件的安装

1. 安装 DobotSCStudio 软件

步骤 1：在浏览器中搜索网址：https://cn.dobot.cc/，进入越疆科技有限公司官网。

步骤 2：在主页面选择"支持"→"下载中心"，进入下载页面。单击"工业软件平台"→"DobotSCStudio"，找到最新版本，单击"下载"按钮即可，如图 2-46 所示。

图 2-46　下载软件安装包

步骤 3：下载完成后，直接双击软件进行安装，根据 DobotSCStudio 安装向导，单击"下一步"按钮，开始进入软件的安装，如图 2-47 所示。

步骤 4：单击"..."按钮，自定义 DobotSCStudio 的安装路径，如图 2-48 所示，单击"下一步"按钮继续。

图 2-47　安装向导

图 2-48　选择安装路径

步骤 5：选择要安装的 DobotSCStudio 组件，单击"默认"按钮，再单击"下一步"按钮，如图 2-49 所示。

步骤 6：创建 DobotSCStudio 菜单快捷方式，选择默认即可，直接单击"下一步"按钮继续，如图 2-50 所示。

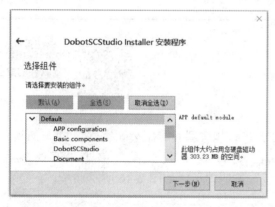

图 2-49　安装组件

图 2-50　创建快捷方式

步骤 7：单击"安装"按钮，开始安装 DobotSCStudio 软件，如图 2-51 所示。

步骤 8：安装完成后，单击"完成"按钮，如图 2-52 所示，退出安装向导。

图 2-51　安装软件

图 2-52　安装完成

2. 连接机器人

DobotSCStudio 软件与机器人之间的通信是通过网线直接连接实现的。机器视觉系统应用实训平台（初级）的机器人默认 IP 地址为 192.168.5.1，用户需修改 PC 端的 IP 地址，使其与机器人的 IP 地址在同一网段。详细操作如下：

DobotSCStudio 软件测试

步骤 1：将机器人电源线连接至机器人底座的电源接口"POWER"。

步骤 2：将机器人急停开关线连接至机器人底座的急停接口"E-STOP"。

步骤 3：将网线一端连接至机器人底座的"LAN1"接口，另一端连接至 PC 端。

步骤 4：完成机器人电源线、急停开关线、网线的连接后，按电源键"ON/OFF"启动机器人。

步骤 5：打开计算机的控制面板，选择"网络和 Internet/ 网络和共享中心"，进入网络和共享中心窗口。

步骤 6：单击"以太网"→"属性"，进入以太网属性设置界面，双击"Internet 协议版本 4（TCP/IPv4）"，进入" Internet 协议版本 4（TCP/IPv4）属性"对话框，重设 PC 端 IP 地址，此处输入 IP 地址为"192.168.1.85"，如图 2-53 所示。机器人的默认地址为 192.168.1.6，可将 PC 端 IP 地址修改为与机器人同一网段未被占用的任意 IP 地址，其子网掩码和默认网关与机器人的一致。全部设置完成后，单击"确定"按钮。

图 2-53　PC 端 IP 地址设置

步骤 7：PC 端 IP 地址设置完成后，双击打开 DobotSCStudio 软件，单击 DobotSCStudio 界面右上角的 ▽ →" IP 设置"按钮，在" IP 设置"对话框中选择真实控制器（即机器人）的 IP 地址并单击"确认"按钮，如图 2-54 所示。

图 2-54　机器人 IP 地址设置

连接成功后，DobotSCStudio 会显示如图 2-55 所示界面。

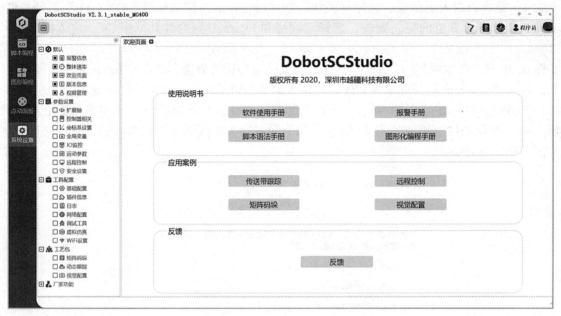

图 2-55　连接成功后界面

3. 机器人运动控制示例

（1）机器人使能　单击 DobotSCStudio 初始界面快捷设置按钮中的"电动机使能" ⚡ 按钮，在"末端负载"对话框中设置"负载重量"为 500g，然后单击"确认"按钮，如图 2-56 所示。此时，"电动机使能"红色 ⚡ 按钮变为绿色 ⚡，机器人上的指示灯由蓝色变为绿色。

图 2-56　设置机器人末端负载

（2）创建工程

步骤 1：单击功能模块菜单栏中的"脚本编程" 🖥 图标，进入脚本编程界面。

步骤 2：单击"新建" ➕ 按钮，进入"选择一个模板"对话框，单击"Empty"新建工程。如

图 2-57 所示，重新命名新建工程，单击"确认"按钮。

图 2-57　新建工程

（3）示教存点

步骤 1：完成新建工程后单击"工作空间"→"my_project"→"点数据"，进入点数据选项卡，开始进行示教存点，如图 2-58 所示。

图 2-58　点数据界面

步骤 2：在机器人使能状态下，按下机器人小臂处的拖拽示教按钮之后松开，拖动机器人运动到目标点位后再次按下拖拽示教按钮，单击"点数据"选项卡中的 ＋添加 按钮记录机器人当前目标点位的坐标值，如图 2-59 所示。

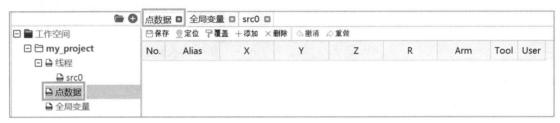

No.	Alias	X	Y	Z	R	Arm	Tool	User
1	P1	138.1643	-297.6649	50.9521	-32.6805	Right	No.0	No.0

图 2-59　添加目标点

步骤 3：重复步骤 2 的动作，添加新的点位，然后单击 💾 保存按钮，保存示教点位，如图 2-60 所示。

No.	Alias	X	Y	Z	R	Arm	Tool	User
1	P1		138.1643	-297.6649	50.9521	-32.6805	Right	No.0	No.0
2	P2		117.1584	-214.5280	92.1622	-29.0041	Left	No.0	No.0

图 2-60　示教存点

步骤 4：选中刚刚保存的其中一个点位，再长按 📍定位按钮，即可执行机器人示教控制，使机器人运动到点的操作。

（4）脚本编程

步骤1：在保存示教点位的前提下，双击 src0 标签，进入脚本编程界面。在程序窗口中可以编写代码，如图 2-61 所示。

图 2-61　编写代码

步骤2：单击 API 按钮，选择"运动"指令，在其子运动指令中，选择合适的运动指令。此处以 Go 指令作为示例，将光标停留在编程界面第 3 行，然后双击点到点指令 Go，将出现指令"Go（P1）"，表示机器人以 Go 模式运动到 P1 点，通过修改括号中的值可更改为其他示教点位，如图 2-62 所示。

图 2-62　Go 运动指令

步骤3：同时执行 P1 点的程序，继续添加 Go 语句，使得机器人以 Go 模式运动到 P2 点，程序如图 2-63 所示。

图 2-63　程序示例

步骤4：程序编辑完成后，单击 保存按钮保存程序，然后单击 运行按钮来运行程序，如图 2-64 所示，查看机器人的脚本编程运行结果。

图 2-64　运行程序

评价反馈

各组代表介绍任务实施过程，并完成评价表（见表 2-14）。

表 2-14　评价表

类别	考核内容	分值	评价分数		
			自评	互评	教师
理论	了解 MG400 机器人的连接方式	15			
	了解 MG400 机器人的编程控制方法	15			
技能	完成 DobotSCStudio 机器人编程软件的安装	20			
	应用 DobotSCStudio 机器人编程软件连接机器人	20			
	应用 DobotSCStudio 机器人编程软件编写程序控制机器人运动	20			
素养	遵守操作规程，养成严谨科学的工作态度	2			
	根据工作岗位职责，完成小组成员的合理分工	2			
	团队合作中，各成员能够准确表达自己的观点	2			
	严格执行 6S 现场管理	2			
	养成总结训练过程和训练结果的习惯，为下次训练积累经验	2			
总分		100			

相关知识

DobotSCStudio 介绍

1. DobotSCStudio 软件简介

DobotSCStudio 软件是越疆科技有限公司推出的一款工业机器人编程软件，界面友好，支持用户二次开发。DobotSCStudio 软件还提供多种机械结构的运动学算法，内置虚拟仿真环境，适用于各种工艺应用。DobotSCStudio 软件的初始界面如图 2-65 所示，主要有 6 个部分。

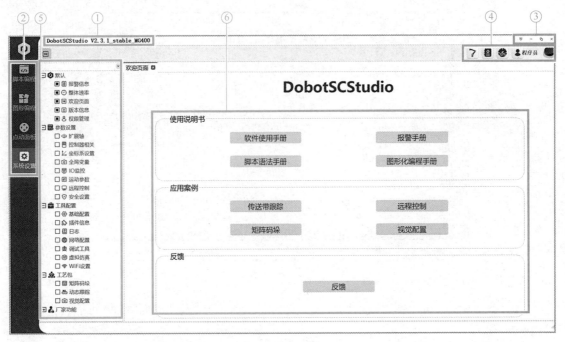

图 2-65　初始界面

①标题栏左侧：显示当前的软件版本与运行模式。运行模式包括 I/O、Modbus、SCStudio（运行模式为 SCStudio 时，此处不显示）。

②功能模块菜单栏：包括脚本编程、图形化编程、点动面板与系统设置。

③标题栏右侧：包括 IP 设置、最小化、最大化和关闭按钮。

机器人 IP 地址设置方法：用网线连接机器人和计算机，单击 →"IP 设置"，在"IP 设置"对话框中选择"真实控制器"，设置机器人 IP 地址（见图 2-54），以便连接 DobotSCStudio 软件。如果用户无设备使用，可在"IP 设置"对话框中选择"虚拟控制器"，通过连接虚拟机器人来体验 DobotSCStudio 软件。

④快捷设置按钮：从左到右分别为电动机使能、报警信息查询、机器人全局速率比例设置、权限设置和急停开关。

⑤系统菜单栏：软件初次启动时，该区域默认显示系统设置菜单栏。

⑥交互窗口：包含软件使用手册、报警手册以及应用案例供开发人员参考。

2. 功能说明

（1）脚本编程

1）编程结构。机器人脚本编程以工程形式来管理，包含了存点信息、全局变量和程序文件，工程结构如图 2-66 所示。

编程支持多线程（最多 5 个），主线程为 src0.lua（线程 0），其余线程 src1.lua ～ src4.lua（线程 1 ～线程 4）为子线程，是与主线程并行运行的程序。子线程不能调用 Dobot 封装的 API 指令，只有主线程可以调用 Dobot 封装的运动指令。机器人脚本编程使用 Lua 编程语言，其编程流程图如图 2-67 所示。

注意：用户编写程序时，用户权限需为程序员以上模式。

机器人的小臂处有一个拖拽示教按钮，在机器人使能状态下，按下拖拽示教按钮，拖动 J1 ～ J4 关节到达目标位置，再次按下拖拽示教按钮，可锁紧 J1 ～ J4 关节（不可拖动）。另外，在按下拖拽示教按钮进行示教的过程中，需要用手扶住机器人，否则有可能出现慢速提升或者掉落的情况。

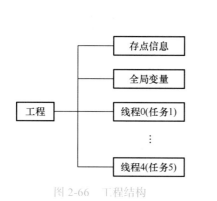

图 2-66 工程结构

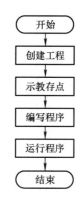

图 2-67 Lua 编程语言编程流程图

2）编程面板。机器人脚本编程面板示意图如图 2-68 所示。其中：①为工程结构文件；②为窗口切换按钮；③为编程常用按钮；④为程序窗口；⑤为程序运行按钮；⑥为调试结果显示区。

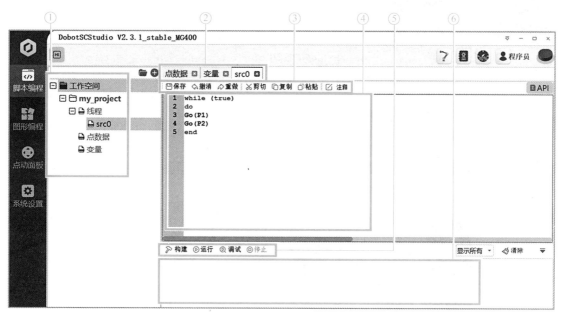

图 2-68 脚本编程面板

（2）图形编程 机器人图形编程控制面板如图 2-69 所示。图形编程为积木式编程语言，开发人员只需将指定的功能积木拖至编辑区域，完成参数的设置即可完成程序的编写。

（3）点动面板 点动用于控制机器人的运动，点动面板如图 2-70 所示。通过单击或长按各个点动按钮，可控制机器人移动到目标位置或角度。如果需要在不同坐标系下进行点动，首先需要在"系统菜单栏"中选择"参数设置→坐标系设置"界面创建坐标系，再根据实际需要选择相应的坐标系，最后在该坐标系下进行点动操作。

点动面板详细说明见表 2-15。

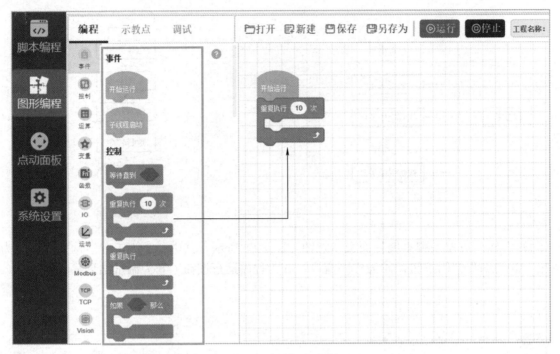

图 2-69　图形化编程面板

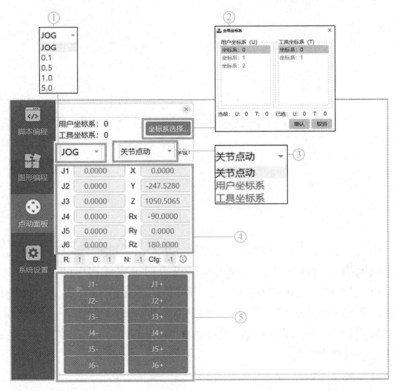

图 2-70　点动面板

表 2-15　点动面板详细说明

编号	模块名称	说　明
①	步进值	用户可根据实际设置点动的速度步进值，目前支持的可选步进分别为 • JOG：连续点动时，点动速度为最大速度 × 全局速率 • 0.1：单次点动时，位移 0.1°（关节坐标系）或 0.1mm（笛卡儿坐标系） • 0.5：单次点动时，位移 0.5°（关节坐标系）或 0.5mm（笛卡儿坐标系） • 1.0：单次点动时，位移 1°（关节坐标系）或 1mm（笛卡儿坐标系） • 5.0：单次点动时，位移 5°（关节坐标系）或 5mm（笛卡儿坐标系）
②	坐标系选择	用户可根据实际需要，在预先设置的用户坐标系中选择 1 个作为当前的用户坐标系；同理，可在预先设置的工具坐标系中选择 1 个作为当前的工具坐标系
③	点动类型	分为关节点动和坐标系点动
④	位置数据	显示当前关节位置和工具中心位置
⑤	点动按钮	若在关节坐标系下点动，从上往下表示点动 J1、J2、J3、J4、J5 和 J6 若在笛卡儿坐标系下点动，从上往下表示点动 X、Y、Z、Rx、Ry 和 Rz

（4）系统设置　系统设置主要包括默认参数设置（如报警信息、整体速率、欢迎页面、版本信息和权限管理等的设置）、参数设置（如坐标系、机器人姿态、IO 监控和运动参数等的设置）、工具配置（如基础配置、末端插件、插件信息、日志、网络配置和调试工具等的配置）、工艺包和厂商功能等的设置。

项目总结

本项目介绍了机器视觉系统的安装知识。通过完成机器视觉系统软件与硬件的安装与测试，初步了解软件的界面功能和操作，掌握机器人的编程控制。

拓展阅读

机器视觉核心零部件产业介绍

机器视觉产品包括相机、镜头、光源、图像采集卡、算法软件等，其中相机、镜头、光源和算法软件是机器视觉系统最核心的产品。

（1）相机　工业相机是工业机器视觉系统的核心零部件，其本质功能是将光信号转变成数字信号或模拟信号，要求产品具有较高的传输能力、抗干扰能力，以及稳定的成像能力。

在工业机器视觉零部件中，国外知名相机品牌在高端市场的占有率较高，而国产工业相机厂商经过多年的研发和实践积累，也在一些关键技术上取得了突破，不断推出自主研发的系列相机产品，如杭州海康机器人股份有限公司，目前已经拥有 CE、CA、CH、CB、GL、CS 多个系列的相机产品，覆盖 30 万～ 1.51 亿像素，包括 GigE、10GigE、USB3.0、Camera Link、CoaXPress 全系列接口。

（2）镜头　镜头是机器视觉系统中必不可少的部件，它是将目标成像在图像传感器的光敏面上。镜头的质量直接影响成像质量的优劣，并影响算法的实现和效果。

目前，已经有很多国内厂商能够提供全系列的工业镜头，并涉足高端产品，如深圳东正光学科技有限公司的线扫描系列镜头已经广泛应用于华为、比亚迪、富士康等企业的生产检测中。

（3）光源　光源能够使目标的特征突出，在物体需要检测的部分与非检测部分之间产生明显区别，增加对比度。光源能够保证足够的亮度和稳定性，即使物体位置变化也不影响成像质量。

光源领域是我国工业机器视觉产业链中发展较好的一环。我国的工业视觉光源厂商主要分布在广东，在江苏、浙江、上海和北京也有不少光源企业。广东奥普特（OPT）科技股份有限公司是国内市场占有率较高的光源厂商，拥有41大系列、近1000款标准化产品，同时拥有30000多个非标定制方案，具备最快在3个工作日内完成定制光源的快速响应能力，并将业务延伸至系统集成服务和其他核心零部件的研发。

（4）算法软件　机器视觉算法的本质是基于图像分析的机器视觉技术，需要通过对采集到的图像进行分析，为进一步决策提供所需信息。机器视觉算法软件通过对各种常用图像处理算法进行封装，用以实现对图像分割、提取、识别和判断等功能。

工业领域要求机器视觉算法软件能够以友好的界面和尽量简单的操作实现图像标定、算法调整等功能，如华睿科技股份有限公司开发的MPV算法平台，通过使用模块化程序设计，以窗口交互的形式让用户通过拖拉拽等方式实现二次开发。

国家高度重视机器视觉产业的发展，先后出台多个政策促进机器视觉产业的发展。随着技术的进步，机器视觉产业将拥有更为良好的发展前景。

项目 3
机器视觉系统标定

03

项目引入

　　机器视觉就是用机器代替人眼做测量和判断，在机器视觉系统已有的软硬件基础上加上智能机器人，就能够实现机器视觉系统"看"、机器人"抓取"的操作。那么机器视觉系统要获取某一物体的尺寸时，需要先进行什么操作呢？机器人又是如何知道物体的具体位置的呢？这就需要学习和了解机器视觉系统标定的相关内容。

　　本项目通过机器人坐标系标定、相机标定和手眼标定三个任务来介绍机器视觉系统标定。

知识图谱

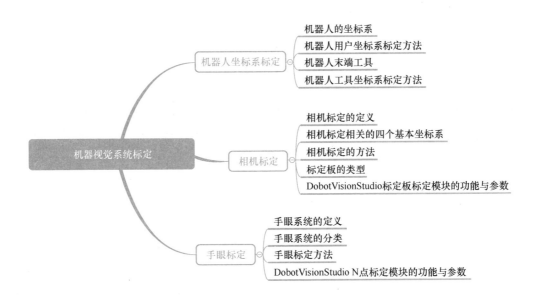

任务 3.1　机器人坐标系标定

学习情境

　　如何在空间上确定机器人的位置和姿态？需要进行什么操作？接下来就让我们一起来了解一下吧！

学习目标

知识目标

1）了解机器人的坐标系。
2）了解机器人用户坐标系标定方法。
3）了解机器人工具坐标系标定方法。

技能目标

1）能够正确标定机器人用户坐标系。
2）能够正确标定机器人工具坐标系。
3）能够进行零点标定。

素养目标

1）根据工作岗位职责，完成小组成员的合理分工。
2）团队合作中，各成员能够表达自己的观点。
3）养成安全规范操作的行为习惯。

工作任务

使用 DobotSCStudio 软件，完成机器人坐标系标定。

任务分工

根据任务要求，对小组成员进行合理分工，并填写在表 3-1 中。

表 3-1 任务分工表

班级		组号		指导老师	
组长		学号			
组员及分工	姓名	学号		任务分工	

获取信息

引导问题 1：机器人的常用坐标系有哪些？

_____

_____

引导问题 2：简述机器人用户坐标系标定方法。

_____

_____

引导问题 3：简述机器人工具坐标系标定方法。

_____

_____

工作计划

1）制定工作方案，见表 3-2。

表 3-2　工作方案

步骤	工作内容	负责人

2）列出核心物料清单，见表 3-3。

表 3-3　核心物料清单

序号	名称	型号 / 规格	数量

工作实施

机器人用户坐标系标定

1. 用户坐标系标定

当工件的位置发生变化，或机器人的运行程序需要在多个同类型的加工系统中重复使用时，就需要标定用户坐标系。

（1）标定前的准备工作

步骤 1：确认机器人已上电。

步骤 2：坐标系切换至笛卡儿坐标系。

步骤 3：计算机 IP 地址修改为 192.168.1.50。

（2）进行用户坐标系标定

步骤 1：把标定板放于视觉检测台上，并且把标定板固定住，防止发生移动，如图 3-1 所示。

步骤 2：给机器人末端任意一个吸盘安装标定针。若没有标定针，可用牙签来代替，如图 3-2 所示。

步骤 3：打开 DobotSCStudio 软件，单击窗口右上角的▽图标，在"IP 设置"对话框中选择"真实控制器"，单击"确定"按钮，如图 3-3 所示。

图 3-1　安放标定板

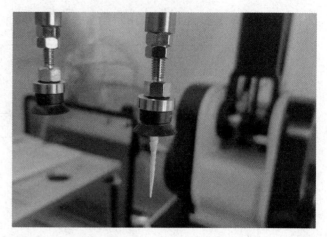

图 3-2　安装标定针

图 3-3　控制器选择

步骤 4：单击 DobotSCStudio 初始界面右上角的"电动机使能" ，在"末端负载"对话框中设置"负载重量"为 500g，然后单击"确认"按钮（见图 2-56）。此时，"电动机使能"红色 按钮变为绿色 ，机器人上的指示灯由蓝色变为绿色。

步骤 5：单击"系统设置"，选择"参数设置"→"坐标系设置"→"四轴用户坐标系"，进入用户坐标系界面，如图 3-4 所示。

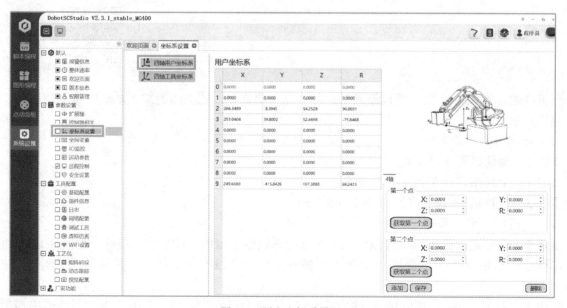

图 3-4　用户坐标系界面

步骤 6：单击"点动面板"，点动机器人末端执行器至标定板任意一点（这里以标定板的 B 点为例），如图 3-5 所示，再单击"4 轴"→"获取第一个点"获取第一个点的坐标，如图 3-6 所示。

图 3-5　机器人末端执行器移动到 B 点

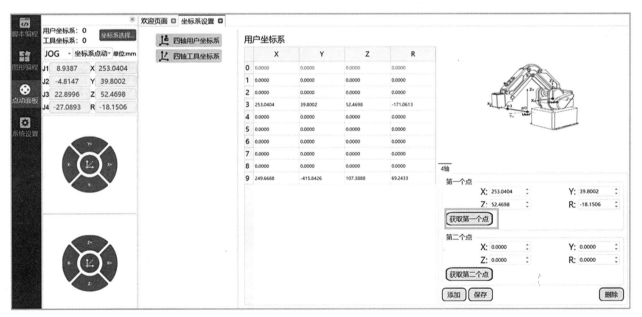

图 3-6　获取第一个点的坐标

步骤 7：单击"点动面板"，点动机器人末端执行器至标定板第二个点 C 点的位置（B、C 两点即可确定用户坐标系的 X 轴正方向，具体 X 轴的正方向以实际需要为准），如图 3-7 所示，再单击"4 轴"→"获取第二个点"获取第二个点的坐标，如图 3-8 所示。

图 3-7　机器人末端执行器移动到 C 点

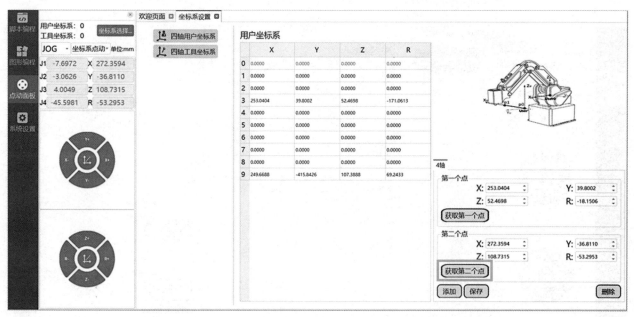

图 3-8　获取第二个点的坐标

步骤 8：选中任意一个 0 以外的用户坐标系（这里以用户坐标系 3 为例），单击"覆盖"按钮和"保存"按钮，用户坐标系 3 的参数自动生成，如图 3-9 所示。

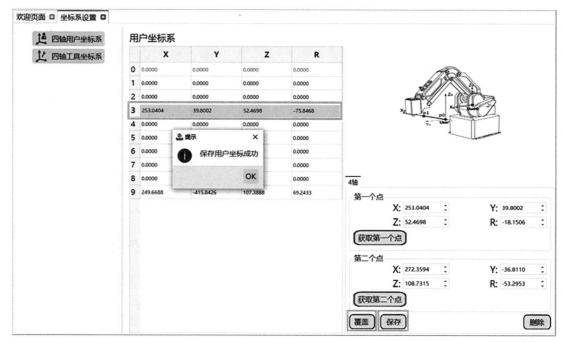

图 3-9　生成用户坐标系

步骤 9：创建用户坐标系后，单击"点动面板"→"坐标系选择"→"坐标系 3"，选择用户坐标系 3 进行点动操作。首先点动"X+"，机器人末端执行器的运动方向为 B→C，然后点动"Y+"，如果机器人末端执行器的运动方向为垂直于 B→C 连线的方向，说明用户坐标系 3 建立成功，如图 3-10 所示。

图 3-10　选择用户坐标系

2. 工具坐标系标定

当机器人的末端执行器是偏心吸附式末端执行器时，需要进行工具坐标系标定。工具坐标系标定方法如下：

步骤 1：单击功能模块菜单栏中的"系统设置"，选择"参数设置"→"坐标系设置"→"四轴工具坐标系"，进入工具坐标系设置界面，如图 3-11 所示。

机器人工具坐标系标定

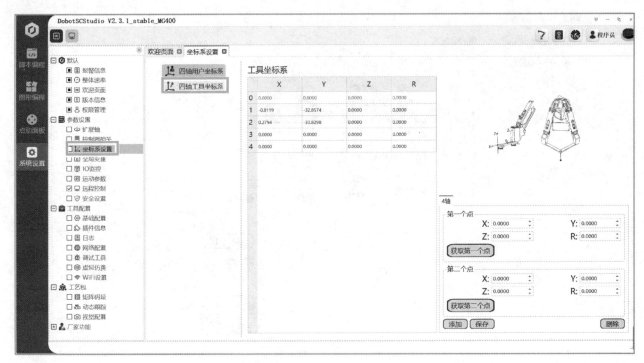

图 3-11　工具坐标系设置界面

步骤 2：选择坐标系 2 作为待修改工具坐标系，点动机器人末端执行器至标定板任意一个点，如图 3-12 所示，再单击"获取第一个点"获取第一个点的坐标，如图 3-13 所示。

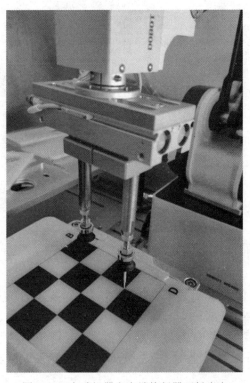

图 3-12　点动机器人末端执行器至任意点

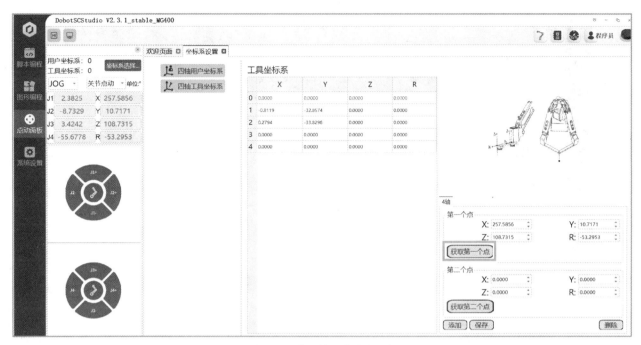

图 3-13　获取第一个点的坐标

步骤 3：点动控制机器人末端执行器旋转一个角度（角度参考范围：60° ~ 120°），再点动控制机器人末端执行器移动到与步骤 2 相同的点位，如图 3-14 所示，单击"获取第二个点"获取第二个点的坐标，如图 3-15 所示。

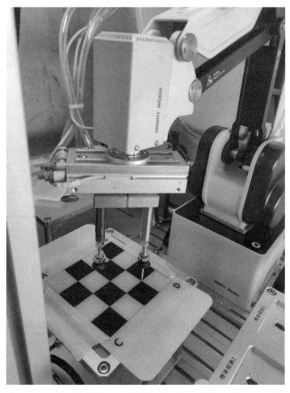

图 3-14　点动机器人末端执行器至与步骤 2 相同的点位

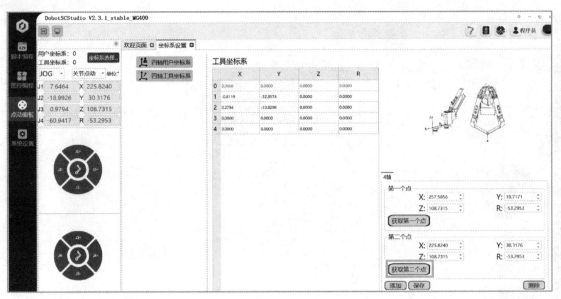

图 3-15　获取第二个点的坐标

　　步骤 4：选中工具坐标系 2，单击"覆盖"按钮和"保存"按钮，工具坐标系 2 的参数自动生成，如图 3-16 所示。

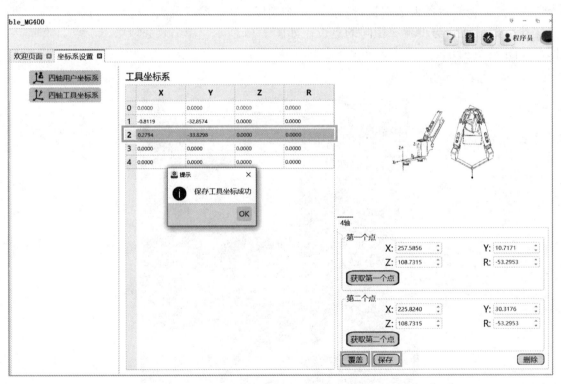

图 3-16　生成工具坐标系

　　步骤 5：创建工具坐标系 2 后，单击"点动面板"→"坐标系选择"→"坐标系 2"，选择工具坐标系 2 进行点动操作，点动控制机器人末端执行器移动到任意一个点位，再控制机器人末端执行器旋转，如果机器人末端执行器在旋转过程中的点位没有发生位置变化，说明工具坐标系 2 建立成功，如图 3-17 所示。

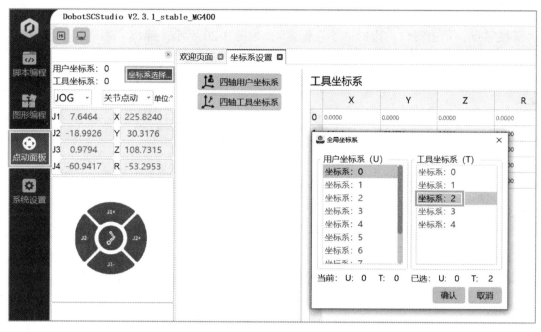

图 3-17 选择工具坐标系

3. 零点标定

当发生撞机后，需要进行零点标定。

步骤 1：单击快捷设置按钮中的"权限管理" 图标，打开权限管理界面，如图 3-18 所示。单击"管理员"图标，出现登录界面，如图 3-19 所示，输入密码"admin"。

图 3-18 权限管理界面

图 3-19 管理员登录界面

步骤2：单击"系统设置"→"参数设置"→"安全设置"→"零点标定"。机器人使能，将各轴调整到机械零点，单击窗口右边的"零点标定"，如图3-20所示。弹出"回零成功！"提示窗口之后，单击"Yes"按钮，如图3-21所示，完成零点标定设置。

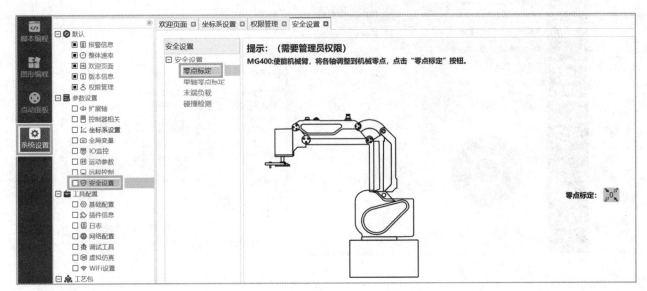

图 3-20　零点标定界面

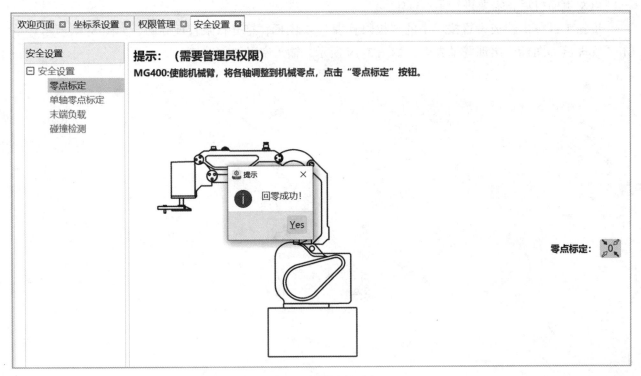

图 3-21　回零成功提示窗口

🖥 **评价反馈**

各组代表介绍任务实施过程，并完成评价表（见表3-4）。

表 3-4　评价表

类别	考核内容	分值	评价分数		
			自评	互评	教师
理论	了解机器人的坐标系	10			
	了解机器人用户坐标系标定方法	10			
	了解机器人工具坐标系标定方法	10			
技能	能够正确标定机器人用户坐标系	20			
	能够正确标定机器人工具坐标系	20			
	能够进行零点标定	20			
素养	遵守操作规程，养成严谨科学的工作态度	2			
	根据工作岗位职责，完成小组成员的合理分工	2			
	团队合作中，各成员能够准确表达自己的观点	2			
	严格执行 6S 现场管理	2			
	养成总结训练过程和训练结果的习惯，为下次训练积累经验	2			
总分		100			

相关知识

机器人常用坐标系

坐标系是为确定机器人的位置和姿态，在机器人或空间上进行定义的位置指标系统。

1. 机器人的常用坐标系

（1）关节坐标系　关节坐标系是以各运动关节为参照确定的坐标系。Magician Pro 机器人各关节均为旋转关节，J1、J2、J3、J4 四个轴的位置如图 3-22 所示。

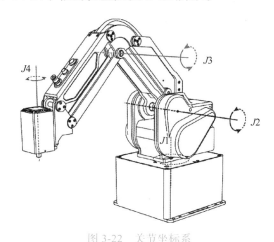

图 3-22　关节坐标系

（2）基坐标系　基坐标系是以机器人固定底座为参照确定的坐标系，如图 3-23 所示。具体规定如下：

1）X 轴方向垂直于固定底座向前为正方向。

2）Y 轴方向垂直于固定底座向左为正方向。

3）Z 轴符合右手定则，垂直向上为正方向。

4）R 轴为末端舵机中心相对于原点的姿态，逆时针为正。R 轴坐标为 J1 轴和 J4 轴坐标之和。

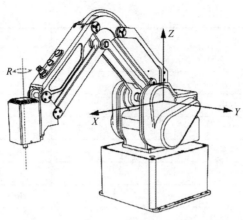

图 3-23　基坐标系

（3）工具坐标系　工具坐标系是定义工具中心点 TCP 的位置和工具姿态的坐标系，其原点和方向随着末端工件位置与角度不断变化。当前系统支持 10 个工具坐标系，其中工具坐标系 0 表示默认工具坐标系，位于机器人末端，不使用工具，不可更改。默认工具坐标系如图 3-24 所示。

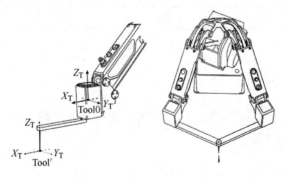

图 3-24　默认工具坐标系

（4）用户坐标系　用户坐标系是用户自定义的工作台坐标系或工件坐标系，其原点及各轴方向可根据实际需要确定，能够方便地测量工作区间中各点的位置并安排任务。默认用户坐标系如图 3-25 所示。

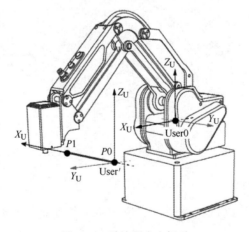

图 3-25　默认用户坐标系

2. 坐标系标定方法

（1）用户坐标系标定方法　当工件的位置发生变化或机器人的运行程序需要在多个同类型的加工系统中重复使用时，此时需要标定用户坐标系，使所有路径都跟随用户坐标同步更新，极大地简化了示教编程。当前系统支持 10 个用户坐标系，用户坐标系 0 为基坐标系，不可更改。

用户坐标系采用两点示教法生成，即将机器人末端执行器移动至任意两点 P0（X0，Y0，Z0）和 P1（X1，Y1，Z1），其中 P0 点作为原点，以 P0 和 P1 两点之间的连线确定用户坐标系 X 轴正方向，然后根据右手定则确定 Y 轴和 Z 轴方向，如图 3-26 所示。

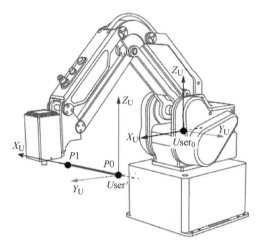

图 3-26　用户坐标系两点示教法

注意：建立用户坐标系时，需确保参考坐标系为默认坐标系，即增加用户坐标系时 DobotSCStudio 界面中的用户坐标系图标为" 用户坐标系：　0 "。

（2）工具坐标系标定方法　机器人末端执行器是指连接到机器人"手腕"（机械接口）前端执行特定任务的工具。末端执行器多数为各种夹持器，一般分为吸附式末端执行器、机械式夹持器和专用工具（如焊枪、喷嘴等）。吸附式末端执行器又分为非偏心和偏心两种形式，如图 3-27 所示。

a) 非偏心　　　　　　　　　　　b) 偏心

图 3-27　吸附式末端执行器

机器人完成各种任务主要依靠安装在关节末端的执行工具，机器人出厂时的工具中心点 TCP 默认表示的是末端关节的中心位置，此时的坐标系即基座标系。当机器人末端安装工具之后，TCP 发生了改变，因此需要对 TCP 重新进行标定。

当机器人末端安装了工具（如焊枪、喷嘴、夹具等）后，为了编程和机器人运行的需要，就要标定工具坐标系。如利用多个夹具同时搬运多个工件，可为每个夹具设置独立的工具坐标系以提高搬运效率。

Magician Pro 机器人支持 10 个工具坐标系，工具坐标系 0 表示默认工具坐标系，不使用机器人末端工具时，不可更改默认工具坐标系。建立工具坐标系时，应确保参考坐标系为基座标系。

工具坐标系采用两点示教法生成，即机器人末端安装工具后，调整工具的位姿，使 TCP 以两种不同的姿态对准空间中同一点（即参考点），获取工具的位置偏移，生成工具坐标系，如图 3-28 所示。

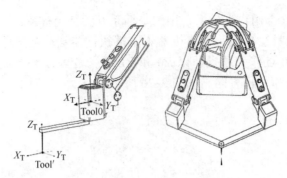

图 3-28　工具坐标系两点示教法

3. 零点标定

在更换机器人电动机、减速机等传动部件，或者机器人与工件发生碰撞等情况下，机器人的零点位置将发生变化，此时需对机器人进行回零操作，即零点标定，如图 3-29 所示。

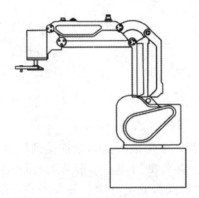

图 3-29　机器人零点标定

任务 3.2　相机标定

学习情境

机器视觉是如何获取物体的实际物理尺寸的呢？相机的像素尺寸和被测量物体的物理尺寸之间的对应关系又是怎样的呢？接下来让我们一起来了解一下吧！

学习目标

知识目标

1）了解相机标定的目的。
2）了解标定板的类型。
3）了解 DobotVisionStudio 标定板标定模块的功能与参数。

技能目标

1）能够正确创建相机标定程序。
2）能够正确设置标定板标定的参数。

3）能够生成标定文件，并导出到指定的存储位置。

素养目标

1）根据工作岗位职责，完成小组成员的合理分工。

2）团队合作中，各成员能够准确表达自己的观点。

3）养成安全规范操作的行为习惯。

工作任务

利用棋盘格标定板完成相机标定。

任务分工

根据任务要求，对小组成员进行合理分工，并填写在表 3-5 中。

表 3-5　任务分工表

班级		组号		指导老师	
组长		学号			
组员及分工	姓名	学号		任务分工	

获取信息

引导问题 1：什么是相机标定？

_____

_____

引导问题 2：相机标定的方法有哪些？请简要说明。

_____

_____

引导问题 3：常见的标定板类型有_____和_____。

引导问题 4：DobotVisionStudio 软件中标定板标定基本参数中的物理尺寸的单位是_____。

工作计划

1）制定工作方案，见表 3-6。

表 3-6　工作方案

步骤	工作内容	负责人

2）列出核心物料清单，见表 3-7。

表 3-7　核心物料清单

序号	名称	型号/规格	数量

标定板标定

工作实施

1. 采集图像

步骤 1：将标定板放到检测视野内，标定板 AB 一侧紧挨着视觉检测单元的固定支架，AC、BD 两侧与检测平台的边缘对齐，如图 3-30 所示。

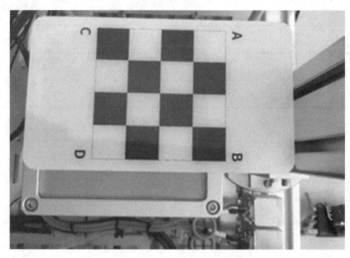

图 3-30　标定板放置位置

步骤 2：打开 DobotVisionStudio 软件，选择通用方案。

步骤 3：在工具箱选择"采集"→图像源模块，拖动到流程编辑区域，如图 3-31 所示。

步骤 4：设置 0 图像源模块参数。先双击"0 图像源 1"，对图像源的参数进行设置，包括设置图像源、触发源和关联相机等参数，如图 3-32、图 3-33 所示。接着单击快捷工具栏的"连续执行"，在连续执行的情况下，进入关联相机的相机管理界面，调整相机的曝光时间，根据情况调整镜头的光圈大小、对焦环位置、光源的亮度，最终采集到清晰的图像。

图 3-31 图像源模块

图 3-32 选择关联相机

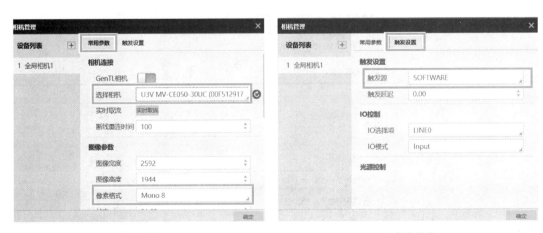

a) 常用参数　　　　　　　　　　　　　　　　b) 触发设置

图 3-33 相机管理参数设置

2. 标定板标定

步骤 1：选择"标定"→标定板标定模块，将其拖动到流程编辑区域，鼠标从"0 图像源 1"下方拖拽出箭头与"1 标定板标定 1"相连，如图 3-34 所示。

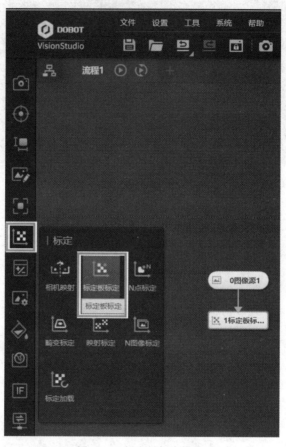

图 3-34　标定板标定模块

步骤 2：双击"1 标定板标定 1"进行参数设置，在"运行参数"选项卡中的"物理尺寸"文本框中填入数字"25.00"，即标定板每个格子的边长尺寸，其他参数保持默认，如图 3-35 所示。

图 3-35　1 标定板标定进行参数设置

步骤 3：单击"执行"按钮，图像显示区域出现绿色文字，结果显示区域出现标定结果，如图 3-36 所示。再单击运行参数选项卡中的"生成标定文件"按钮保存标定文件，文件名重命名为"距离标定文件"，存储到计算机的指定位置，如图 3-37 所示。

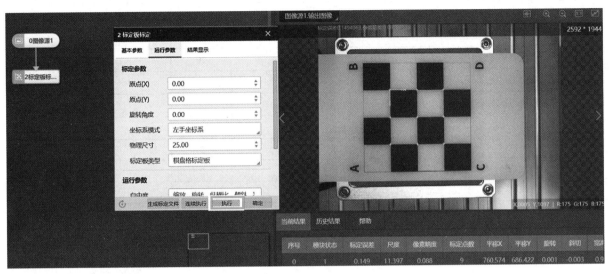

图 3-36　标定结果

图 3-37　生成标定文件

评价反馈

各组代表介绍任务实施过程，并完成评价表（见表 3-8）。

表 3-8　评价表

类别	考核内容	分值	评价分数		
			自评	互评	教师
理论	了解相机标定的目的	10			
	了解标定板的类型	10			
	了解 DobotVisionStudio 标定板标定模块的功能与参数	10			

（续）

类别	考核内容	分值	评价分数		
			自评	互评	教师
技能	能够正确创建相机标定程序	20			
	能够正确设置标定板标定的参数	20			
	能够生成标定文件，并导出到指定的存储位置	20			
素养	遵守操作规程，养成严谨科学的工作态度	2			
	根据工作岗位职责，完成小组成员的合理分工	2			
	团队合作中，各成员能够准确表达自己的观点	2			
	严格执行 6S 现场管理	2			
	养成总结训练过程和训练结果的习惯，为下次训练积累经验	2			
	总分	100			

相关知识

1. 相机标定

在视觉测量过程中，相机将三维空间信息映射至二维图像中。为了确定空间点与像素坐标的转换关系，需要建立相机成像模型，求取转换矩阵参数的过程称为相机标定。

2. 相机标定相关的坐标系

在相机标定中，相机模型参数的求解涉及四个基本坐标系，即世界坐标系、相机坐标系、图像物理坐标系和图像像素坐标系。这里的相机模型指的是针孔模型，即小孔成像模型。图 3-38 所示为相机的小孔成像模型图。

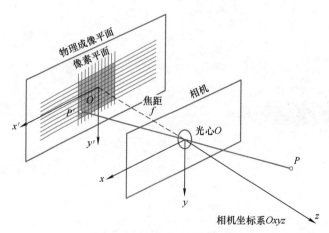

图 3-38　相机小孔成像模型图

世界坐标系是用户定义的三维世界坐标系，目的是为了描述目标物在真实世界中的位置，单位为 m。

相机坐标系是光心为原点的相机三维坐标系，单位为 mm。

图像物理坐标系描述成像过程中物体从相机坐标系到图像坐标系的投影透射关系，以成像平面中心为原点，单位为 mm。

图像像素坐标系描述物体成像后的像点在数字图像上的坐标，以图像左上角为原点，单位为像素。

四个基本坐标系之间的关系如图 3-39 所示。

图 3-39　四个基本坐标系之间的关系

3. 相机标定的方法

相机标定方法有传统相机标定法、主动视觉标定法和相机自标定法三种。

传统相机标定法使用尺寸已知的标定物（标定板），通过建立标定物上坐标已知的点与其图像点之间的对应关系，利用一定的算法获得相机模型的内外参数。传统相机标定法在标定过程中始终需要标定物，算法复杂，但标定精度高。常用方法有 Tsai 两步法、张正友相机标定法。

主动视觉标定法通过主动系统控制相机做特定运动，利用控制平台控制相机发生特定的移动并拍摄多组图像，依据图像信息和已知位移变化来求解相机内外参数。由于能够获得线性解，因此主动视觉标定法的鲁棒性较高。主动视觉标定法不需要标定物，算法简单，缺点是需要配备精准的控制平台、系统成本高、实验设备昂贵、实验条件要求高、不适于运动参数未知或无法控制的场合。

相机自标定法利用多幅图像之间的对应关系，对图像进行投影矩阵估计，然后根据投影矩阵的全局优化结果得出相机参数。相机自标定法灵活性强，可以在线标定，但是精度较低，鲁棒性也较差。

4. 标定板的类型

标定板有多种不同类型可供选择。常用的标定板图案有两种，即实心圆阵列图案和国际象棋盘图案。常见的标定板材料则有玻璃、陶瓷、石英和塑料等。

（1）实心圆阵列图案标定板　实心圆阵列图案标定板是一种流行且常见的标定板，其设计一般是在黑色或者白色的背景上规则分布白色或黑色的圆形，如图 3-40 所示。在图像处理术语中，圆可以被检测作为图像中的"斑点"。

（2）国际象棋盘图案标定板　国际象棋盘图案标定板也是较流行和常见的标定板，如图 3-41 所示。它通常先对摄像机图像进行二值化，然后通过四边形（黑色的棋盘区域）来找到棋盘角点的候选点。

图 3-40　实心圆阵列图案标定板

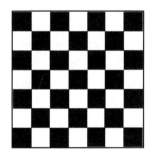

图 3-41　国际象棋盘图案标定板

5. DobotVisionStudio 标定板标定模块的功能与参数

DobotVisionStudio 标定板标定模块能够实现：设置棋盘格灰度图及棋盘格的规格尺寸参数，标定板算法模块可以计算出图像坐标系与物理坐标系之间的映射矩阵、标定误差、标定状态，单击生成标定文件即可完成标定。DobotVisionStudio 会生成一个标定文件，以供标定转换使用。单击"生成标定文件"按钮可以选择生成的标定文件保存路径，如图 3-42 所示。

图 3-42　生成标定文件操作

标定板标定的基本参数说明见表 3-9。

表 3-9　标定板标定的基本参数说明

参数名称	说　　明
生成标定文件	选择生成的标定文件保存路径
标定文件路径	标定文件的绝对路径，该路径下若存在文件就加载，若不存在则加载失败，运行时报错
更新文件	一轮标定完成后，如果开启了更新文件控件，新一轮标定会将标定结果更新到标定文件中
原点（x）、原点（y）	该原点为物理坐标的原点，可以设置原点的坐标，即 X 轴和 Y 轴的原点位置
旋转角度	可通过调整旋转角度调整物理坐标系方向，即标定板的旋转角度
坐标系模式	选择左手坐标系或右手坐标系
物理尺寸	棋盘图案标定板每个黑白格的边长或实心圆阵列图案标定板两个相邻圆心的圆心距，单位为 mm
标定板类型	分为棋盘格标定板、实心圆阵列图案标定板、海康标定板 I 型和海康标定板 II 型。海康标定板 I 型为一个自研码占据四个棋盘格位置，海康标定板 II 型为自研码放置在标定板白格中

标定板标定的运行参数说明见表 3-10。

表 3-10　标定板标定的运行参数说明

参数名称	说　　明
自由度	分三种，包括：缩放、旋转、纵横比、倾斜、平移及透射；缩放、旋转、纵横比、倾斜和平移；缩放、旋转及平移。三种参数设置分别对应透视变换、仿射变换和相似性变换
灰度对比度	棋盘格图像相邻黑白格之间的对比度最小值，建议使用默认值
中值滤波状态	提取角点之前是否执行中值滤波，有执行滤波与无滤波两种模式，建议使用默认值
亚像素窗口	是否自适应计算角点亚像素精度的窗口尺寸，当棋盘图像每个方格占的像素较多时，可适当增加该值，建议使用默认值
设置窗口大小	设置亚像素窗口大小，可调节为棋盘图像标定板每个棋盘格像素宽度 /10
权重函数	可选最小二乘法、Huber、Tukey 函数。建议使用默认参数设置
权重系数	选择 Tukey 或 Huber 权重函数时的参数设置项，权重系数为对应方法的削波因子，建议使用默认值

（续）

参数名称	说　　明
距离阈值	通过距离筛选异常点的阈值，阈值越大，可以允许距离偏差越大的点参与计算，建议采用默认值
点圆度	圆形区域的筛选阈值，低于此阈值的区域会被剔除
边缘提取阈值	提取圆形区域边缘的阈值范围
圆点类型	圆点阵类型，包含白底黑圆和黑底白圆两种

标定板标定的结果输出参数说明见表 3-11。

表 3-11　标定板标定的结果输出参数说明

参数名称	说　　明
标定误差	利用计算得到的标定参数，将提取到的标定板特征点（如棋盘图像标定板的角点或实心圆阵列标定板的圆心）对应的物理坐标，依次映射至图像坐标系下，与实际的图像坐标距离的平均值
尺度	世界坐标系中单位长度对应图像坐标系中的像素数
像素精度	单个像素对应的物理坐标系下的尺寸
标定点数	提取到的标定板特征点数
平移 X/Y	利用计算得到的标定参数，将世界坐标系原点映射到图像坐标系得到的坐标 X/Y
旋转	世界坐标系相对于图像坐标系的旋转角度（单位为 rad）。当旋转角度 θ 为正值时，世界坐标系 X 轴沿逆时针方向旋转 θ 后，其 X 轴与图像坐标系 X 轴方向一致；当旋转角度 θ 为负值时，世界坐标系 X 轴沿顺时针方向旋转 $-\theta$ 后，其 X 轴与图像坐标系 X 轴方向一致
斜切	世界坐标系的 Y 轴旋转角度与 X 轴旋转角度之差（单位为 rad）
宽高比	世界坐标系的 Y 轴缩放量与 X 轴缩放量的比例

任务 3.3　手眼标定

学习情境

在视觉机器人单元中，机器人在抓取物体时，是如何通过机器视觉获取物体的实际坐标位置的呢？

学习目标

知识目标

1）了解手眼系统的类型。

2）了解手眼标定方法。

3）了解 DobotVisionStudio N 点标定模块的功能和参数。

技能目标

1）能够正确创建手眼标定的视觉程序。

2）能够正确设置视觉程序中各个模块的参数。

3）能够通过 DobotSCStudio 点动控制机器人来获取标定点的物理坐标。

素养目标

1）根据工作岗位职责，完成小组成员的合理分工。

2）团队合作中，各成员能够表达自己的观点。

3）养成安全规范操作的行为习惯。

工作任务

利用国际象棋盘图案标定板，采用九点标定法完成手眼系统的标定。

任务分工

根据任务要求，对小组成员进行合理分工，并填写在表 3-12 中。

表 3-12　任务分工表

班级		组号		指导老师	
组长		学号			
组员及分工	姓名	学号		任务分工	

获取信息

引导问题 1：什么是手眼系统？手眼系统有哪些类型？

_____

_____

引导问题 2：什么是手眼标定？

_____

_____

引导问题 3：_____是工业上使用较为广泛的二维手眼标定法。

工作计划

1）制定工作方案，见表 3-13。

表3-13 工作方案

步骤	工作内容	负责人

2）列出核心物料清单，见表3-14。

表3-14 核心物料清单

序号	名称	型号/规格	数量

工作实施

1. 采集图像

步骤1：将标定板放到检测视野内，上端紧挨相机与光源部分的固定支架，左侧与检测平面的边缘对齐。

九点标定

步骤2：打开DobotVisionStudio软件，选择通用方案。

步骤3：在工具箱中选择"采集"→"图像源"模块，将其拖动到流程编辑区域。

步骤4：先双击"0图像源1"，对图像源的参数进行设置，包括设置图像源、相机连接、相机的触发设置和关联相机等参数；接着单击快捷工具栏的"连续执行"，在连续执行的情况下，进入关联相机的相机管理界面，调整相机的曝光时间，根据情况调整镜头的光圈大小、对焦环位置、光源的亮度，最终采集到清晰的图像。

2. 标定板标定

步骤1：选择"标定"→"标定板标定"模块，将其拖动到流程编辑区域，并与"0图像源1"相连。

步骤2：双击"1标定板标定1"进行参数设置，在"运行参数"选项卡的"物理尺寸"文本框中填入标定板一格边长的实际尺寸25，其他参数保持默认。单击"执行"按钮，图像显示区域出现绿色文字，结果显示区域出现标定结果。

注意：标定板标定用于获取坐标点，并为N点标定提供标定点的像素坐标值。

3. N点标定

步骤1：将"3N点标定1"模块拖动到流程编辑区域，与"1标定板标定1"连接。"3N点标定1"与"1标定板标定1"相连之后，在图像显示区域会自动显示9点标定的标定点及其标定顺序，如图3-43所示。

步骤2：双击"3N点标定1"进行参数设置。"基本参数"选项卡中的平移次数默认为9，如图3-44所示。单击平移次数右侧的 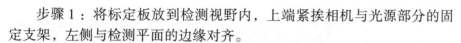 图标，就可以编辑标定点，如图3-45所示。

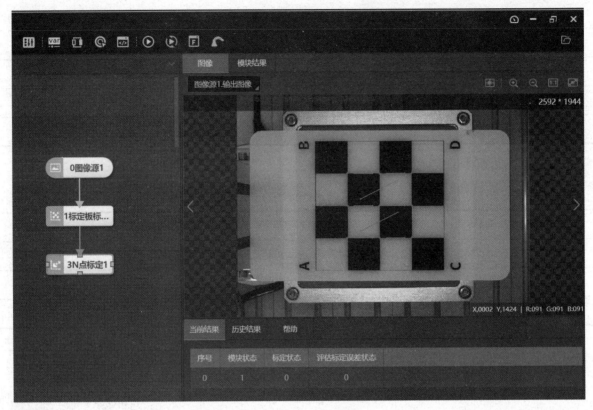

图 3-43　N 点标定

图 3-44　3N 点标定基本参数设置

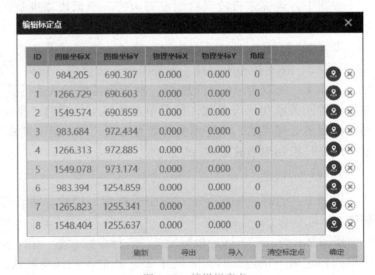

图 3-45　编辑标定点

步骤 3：将机器人末端执行器的两个气缸向中间合拢，再将机器人末端执行器上的标定针插入左侧的吸盘内，如图 3-46 所示。

步骤 4：打开 DobotSCStudio 软件，连接机器人。单击"点动面板"→"坐标系选择"，选择用户坐标系为"0"，选择工具坐标系为"2"，如图 3-47 所示。

步骤 5：根据 9 个标定点的标定顺序，如图 3-48 所示，控制机器人按照 9 个标定点的标定顺序动作，到达各个标定点，如图 3-49 所示。读取各点位物理坐标 X 和 Y 的值，如图 3-50 所示，并将获取的坐标值填入 DobotVisionStudio 软件中的"编辑标定点"对话框中，如图 3-51 所示。

图 3-46　将标定针插入左侧吸盘内

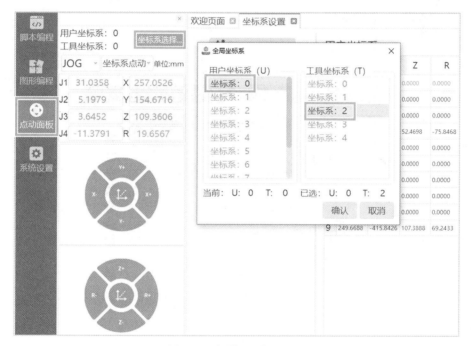

图 3-47　机器人坐标系设置

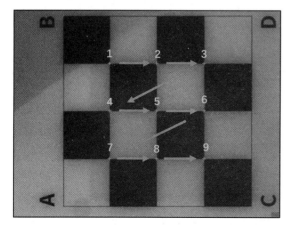

图 3-48　标定点与标定顺序

图 3-49　机器人到达第一个标定点位

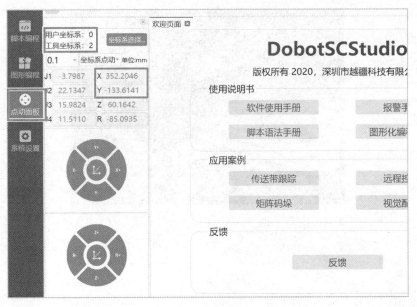

图 3-50　点动控制界面

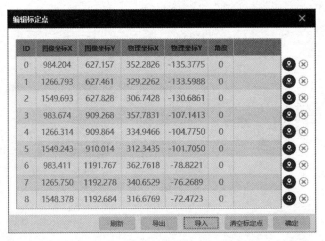

图 3-51　编辑标定点的图像坐标值与物理坐标值

步骤 6：关闭"编辑标定点"对话框，返回 N 点标定基本参数界面，先单击"执行"，再单击"生成标定文件"，将标定文件存储到计算机中，以备后续调用，如图 3-52 所示。

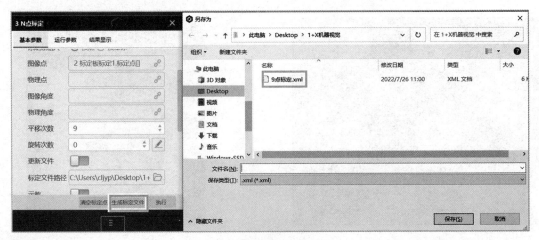

图 3-52　生成标定文件

评价反馈

各组代表介绍任务实施过程，并完成评价表（见表 3-15）。

表 3-15　评价表

类别	考核内容	分值	评价分数		
			自评	互评	教师
理论	了解手眼系统的类型	10			
	了解手眼标定方法	10			
	了解 DobotVisionStudio N 点标定模块的功能与参数	10			
技能	能够正确创建手眼标定的视觉程序	20			
	能够正确设置视觉程序中各个模块的参数	20			
	能够使用 DobotSCStudio 点动控制机器人来获取标定点的物理坐标	20			
素养	遵守操作规程，养成严谨科学的工作态度	2			
	根据工作岗位职责，完成小组成员的合理分工	2			
	团队合作中，各成员能够准确表达自己的观点	2			
	严格执行 6S 现场管理	2			
	养成总结训练过程和训练结果的习惯，为下次训练积累经验	2			
总分		100			

相关知识

手眼标定

1. 手眼系统

在视觉机器人单元中，工业相机相当于系统的"眼睛"，多轴工业机器人相当于系统的"手臂"，所以视觉机器人也通常被称作手眼系统。

2. 手眼系统分类

根据相机与机器人的相对位置关系，可以将手眼系统分为 Eye-to-Hand 系统和 Eye-in-Hand 系统两种基本类型，如图 3-53、图 3-54 所示。

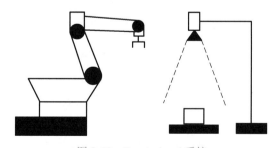

图 3-53　Eye-to-hand 系统

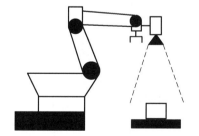

图 3-54　Eye-in-Hand 系统

在 Eye-to-Hand 系统中，相机采取固定方式，通过支架安装在机器人工作区域内的一个固定位置，机器人工作时相机静止不动。相机的视觉范围覆盖机器人的操作范围，系统坐标系为固定坐标系，系统识别目标工件，并将目标工件的位置和姿态等信息传递给机器人，机器人根据系统反馈的信息调整执行单元的位置和姿态，实现对目标工件的智能操作。

在 Eye-in-Hand 系统中，相机安装在机器人的本体上，机器人移动时相机也一同移动。在工业领域应用最为广泛的机器人是六自由度工业机器人，每个自由度对应着一个关节，关节的运动方式分别是转动关节和移动关节。通常的视觉工业机器人应用场景是在机器人的末端安装工具，末端工具与机器人通过法兰连接，无论末端工具是抓取、装配或是完成其他动作夹具，机器人控制的最终目的都是确保末端工具的位置和姿态，即控制单元连接法兰的位置和姿态。因此，移动式手眼系统的相机一般安装在执行单元连接的法兰盘上，在移动式手眼系统的坐标系中，控制器所取得的姿态信息数据是基于末端工具法兰平面的。

3. 手眼标定方法

机器人对工件的精确定位是通过对工件像素坐标的转换实现的，因此，得到像素坐标系和机器人工具坐标系的坐标转换关系至关重要，其求解过程称为手眼标定。

手眼标定的方法和相机标定一样，也有多种。9 点法标定是工业上使用较为广泛的二维手眼标定法，可以满足大多数的工业应用场景。在手眼标定的标定方式中，点数越多标定的结果就越精确，但也不是越多越好。因为标定的点数越多，标定过程就会越复杂，系统的计算时间就会越长，所以一般选取 9 个标定点即可。

在手眼标定中，基于工作要求，首先需要选择合适的标定板，再确定标定点。标定点的选择要遵循点位在标定板中间的原则，不能太靠近边缘，需要在相机的拍摄范围内照顾到 9 个点的位置。手眼标定的具体实现原理是用机器人的末端工具按照 9 个标定点的标定顺序运动，得到这 9 个点在机器人坐标系中的坐标，同时利用相机拍摄识别得到这 9 个点的像素坐标，通过已经建立好的相机模型进行坐标转换，经过矩阵变换得到这 9 个点的对应坐标。

在相机与机器人进行标定的过程中，相机的位置与机器人的位置要固定不变。所有工具固定好之后不能移动。标定板放置于相机正下方，并且位置要与目标工件的放置高度一样，这是精确标定的关键。

4. DobotVisionStudio 软件 N 点标定模块的功能与参数

N 点标定是通过 N 点像素坐标和物理坐标，实现相机坐标系和机器人物理坐标系之间的转换，并生成标定文件，N 需要大于等于 4，N 点标定的基本参数和运行参数如图 3-55 所示。

a) 基本参数　　　　　　　　b) 运行参数

图 3-55　3 N 点标定参数

N 点标定的基本参数说明见表 3-16。

表 3-16　N 点标定的基本参数说明

参数名称	说　明
标定点获取	选择触发获取或手动输入,通常选择触发获取。选择手动输入时,支持 N 点标定模块单独运行
标定点输入	选择按点或按坐标输入
图像点	N 点标定的标定点,通常直接连接特征匹配中的特征点
平移次数	平移获取标定点的次数,只针对 x/y 方向的平移,一般设置为 9 点
更新文件	一轮标定完成后,如果开启了更新文件控件,新一轮标定会将标定结果更新到标定文件中
标定文件路径	标定文件的绝对路径,该路径下如果存在文件就直接加载,如果不存在则加载失败,运行时报错
使用相对坐标	默认关闭状态,使能后可配置标定原点大小

N 点标定的运行参数说明见表 3-17。

表 3-17　N 点标定的运行参数说明

参数名称	参数说明
相机模式	包括相机静止上相机位、相机静止下相机位、相机运动三种标定方法
自由度	可根据具体需求选择,有三种,包括:缩放、旋转、纵横比、倾斜、平移及透射;缩放、旋转、纵横比、倾斜和平移;缩放、旋转及平移。三个参数分别对应透视变换、仿射变换和相似性变换
权重函数	可选最小二乘法、Huber、Tukey 和 Ransac 算法函数,建议使用默认参数设置
权重系数	选择 Tukey 或 Huber 权重函数时的参数设置项,权重系数为对应方法的削波因子,建议使用默认值

项目总结

本项目介绍了机器视觉系统标定,使读者初步了解了手眼系统,掌握了机器人标定、相机标定和手眼标定方法,能够对机器视觉系统进行标定,为以后进一步学习机器视觉打下基础。

拓展阅读

机器视觉在农业中的应用

随着机器视觉技术的发展,机器视觉被广泛地应用在农业中,实现了农业自动化和智能化。机器视觉在农业中的应用主要包括植物生长监测、病虫害监测、农产品自动采摘和农产品品质分级等。

(1)植物生长监测　通过机器视觉采集植物的颜色和外形等特征来监测植物生长变化的细微状况,从而提供可行措施。如有研究人员运用机器视觉技术对处在膨果期的猕猴桃实施生长监测,通过图像处理得到果实生长的情况,同时与环境信息参数相结合,通过算法建立模型,实行营养液预测,不仅降低了肥水的使用量,而且提高了猕猴桃膨果率。

(2)病虫害监测　在农作物生长期,病虫害的发生会对农产品产量和质量产生一定程度的影响,机器视觉技术可以有效地改善和抑制此类事情的发生。如利用机器视觉检测出柑橘类农作物叶片上的病斑,然后对柑橘类疾病进行分类,以采取相应的病虫害防治措施。

（3）农产品自动采摘　利用机器视觉采摘农产品，是当前农业生产领域最受关注的热点。如深圳市越疆科技有限公司就利用机器视觉技术制作了一款葡萄采摘机器人。葡萄采摘机器人由一台协作机器人、特质夹爪等组成，实现了 AVG 自动判断路径、协作机器人联动、自动选择葡萄、摘葡萄和放置葡萄等自动化流程功能，且无需特殊防护，真正实现了农业的无人采摘工作。

（4）农产品品质分级　农产品的质量好坏直接影响其销量，所以要对农产品进行品质分级和检测。传统的检测方法需要依靠大量的人力，耗时长、效率低，而机器视觉技术可以很好地取代传统方法。利用相机采集瓜果蔬菜的形态、颜色等特征，然后通过机器视觉算法分析软件，根据结果判断瓜果蔬菜的品质。如利用机器视觉可以实现免套袋苹果缺陷分级。

项目 4
药盒条码识别系统的调试

项目引入

模式识别是对表示事物或现象的各种形式的信息进行处理和分析,以便对事物或现象进行描述、辨认、分类和解释,是信息科学和人工智能的重要组成部分。在自动化生产制造中,最常用的模式识别是基于视觉的字符识别、条码识别和二维码识别。

例如,在药盒印刷过程中,重要的一环是确保药盒上的条码和字符一致,如图 4-1 所示。机器视觉条码识别的目的就是通过识别条码和字符是否一致来判断药盒是否合格。图 4-1a 为不合格药盒,字符少了数字 6;图 4-1b 为合格药盒。

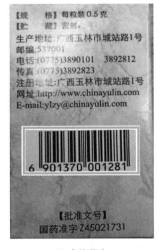

a) 不合格药盒   b) 合格药盒

图 4-1 待检药盒

本项目分别以一个合格和一个不合格药盒为例,通过调试药盒条码识别系统,检测待检的药盒是否合格,并将这些药盒进行分类放置。

知识图谱

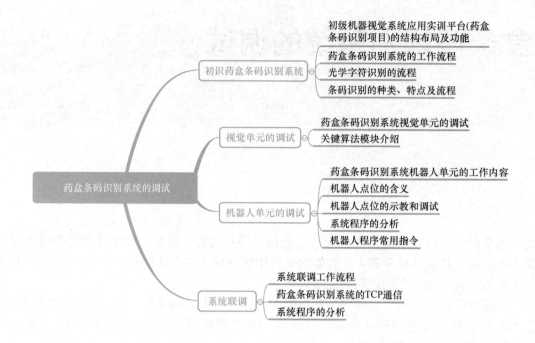

任务4.1　初识药盒条码识别系统

学习情境

商品包装上的条码有什么用处、条码识别和字符识别分别是什么、药盒识别系统是如何工作的？

学习目标

知识目标

1）了解光学字符识别的概念和流程。

2）了解条码的概念和不同类型。

3）了解条码识别的流程。

技能目标

1）能够认识初级机器视觉系统应用实训平台（药盒条码识别项目）的结构布局。

2）能够描述初级机器视觉系统应用实训平台（药盒条码识别项目）各结构的功能。

3）能够描述初级机器视觉系统应用实训平台（药盒条码识别项目）的工作流程。

素养目标

1）根据工作岗位职责，完成小组成员的合理分工。

2）团队合作中，各成员能够表达自己的观点。

3）养成安全规范操作的行为习惯。

工作任务

认识初级机器视觉系统应用实训平台（药盒条码识别项目）的结构布局，描述各结构的功能；观看初级机器视觉系统应用实训平台（药盒条码识别项目）的工作过程演示，描述其工作流程。

任务分工

根据任务要求，对小组成员进行合理分工，并填写在表 4-1 中。

表 4-1　任务分工表

班级		组号		指导老师	
组长		学号			
组员及分工	姓名	学号		任务分工	

获取信息

引导问题 1：什么是光学字符识别？

_____

_____

_____

引导问题 2：光学字符识别的流程是什么？

_____

_____

_____

引导问题 3：什么是条码？

_____

_____

_____

引导问题 4：我国最常用的条码是_____。

A. EAN 条码　　　　　　　　　　B. UPC 条码

C. 25 条码　　　　　　　　　　　D. 128 条码

引导问题 5：EAN 条码有_____和_____两种类型。

引导问题 6：EAN–13 条码结构如图 4-2 所示，请标出各部分的内容。

图 4-2　EAN-13 条码的结构

引导问题 7：在管理信息系统设计中，应用最多的条码是_____，读码器可以进行双向扫描读取的条码是_____。

引导问题 8：视觉条码识别的流程是什么？

_____

_____

工作计划

1）制定工作方案，见表 4-2。

表 4-2　工作方案

步骤	工作内容	负责人

2）列出核心物料清单，见表 4-3。

表 4-3　核心物料清单

序号	名称	型号/规格	数量

工作实施

1. 认识初级机器视觉系统应用实训平台（药盒条码识别项目）结构布局及各结构功能

步骤 1：认识实训平台的结构布局。

初级机器视觉系统应用实训平台（药盒条码识别项目）用于识别物料上的字符和条码，并能对识别结果做出进一步处理。它由视觉单元、执行单元、PLC 单元等硬件组成，结构布局如图 4-3 所示。

步骤 2：描述各结构的功能。

1）视觉单元包括相机、镜头、光源和算法软件，主要用于识别药盒条码，检测药盒印刷是否合格。

2）执行单元是由机器人执行相应的操作命令，主要功能是完成不同单元间药盒的搬运。

3）合格药盒放置台主要用于放置检测后的合格药盒。

4）物料台主要用于放置待检测的药盒。

5）PLC 单元主要控制电磁阀的通断。

6）不合格药盒放置台主要用于放置检测后的不合格药盒。

7）视觉检测台位于视觉单元的正下方，主要用于放置进行视觉检测的药盒。

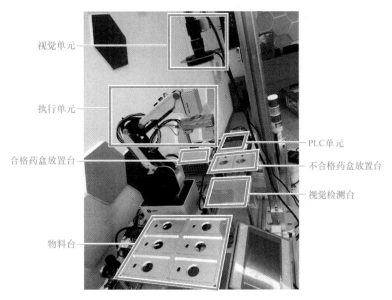

视觉单元

执行单元

合格药盒放置台

PLC单元

不合格药盒放置台

视觉检测台

物料台

图 4-3　初级机器视觉系统应用实训平台（药盒条码识别项目）结构布局

2. 描述初级机器视觉系统应用实训平台（药盒条码识别项目）的工作流程

步骤 1：观看初级机器视觉系统应用实训平台（药盒条码识别项目）的工作过程演示。

步骤 2：描述初级机器视觉系统应用实训平台（药盒条码识别项目）的工作流程。

启动系统后，机器人把药盒从物料台吸取到视觉检测台，视觉系统分别对药盒的字符和条码进行识别，判断两者的一致性，然后把判断结果发送给机器人，机器人根据不同的识别结果把药盒分别放置于不同的区域，最后机器人返回到初始点位，继续下一个药盒的识别工作，如图 4-4 所示。

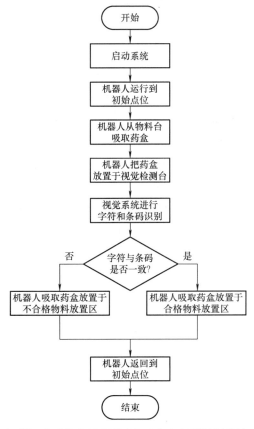

图 4-4　初级机器视觉系统应用实训平台（药盒条码识别项目）的工作流程

评价反馈

各组代表介绍任务实施过程，并完成评价表（见表 4-4）。

表 4-4 评价表

类别	考核内容	分值	评价分数		
			自评	互评	教师
理论	了解光学字符识别的概念和流程	10			
	了解条码的概念和不同类型	10			
	了解视觉条码识别的流程	10			
技能	能够认识初级机器视觉系统应用实训平台（药盒条码识别项目）的各结构布局	10			
	能够描述初级机器视觉系统应用实训平台（药盒条码识别项目）各结构的功能	20			
	能够描述药盒条码识别系统的工作流程	30			
素养	遵守操作规程，养成严谨科学的工作态度	2			
	根据工作岗位职责，完成小组成员的合理分工	2			
	团队合作中，各成员能够准确表达自己的观点	2			
	严格执行 6S 现场管理	2			
	养成总结训练过程和训练结果的习惯，为下次训练积累经验	2			
总分		100			

相关知识

字符识别与条码识别

1. 光学字符识别

（1）认识光学字符识别　光学字符识别（Optical Character Recognition，OCR）是指电子设备（如扫描仪或数码相机）检查纸上打印的字符，然后用字符识别方法将检测到的形状翻译成计算机文字的过程。字符识别已从早期对印刷文本字符及数字的识别，发展到手写字符识别、车牌识别等。

（2）光学字符识别流程　光学字符识别流程是先对文本资料进行扫描，获取图像文件，然后对图像文件进行分析处理，最终获取文字及版面信息的过程，如图 4-5 所示。

图 4-5　光学字符识别流程

在进行光学字符识别时，一般要先进行字库训练，生成样本数据，再把图像图片和样本数据一一比对，把最接近的数据作为结果输出。

2. 条码识别

（1）条码的定义　条码（Barcode）是将宽度不等的多个黑条和空白，按照一定的编码规则排列，用以表达一组信息的图形标识符。常见的条码是由反射率相差很大的黑条（简称条）和白条（简称空）排成的平行线图案。

（2）条码的种类和特点　世界各国公认的条码数量已达一百多种，目前普遍使用的条码有以下几种：

1）EAN 条码由国际物品编码协会制定，是国际上使用广泛的一种商品条码，是以直接向消费者销售的商品为对象，以单个商品为单位使用的条码。EAN 条码有标准版（EAN-13）和缩短版（EAN-8）两种，其中 EAN-13 条码是我国采取的主要编码标准。

EAN-13 条码是一种比较通用的一般终端产品的条码协议和标准，主要应用于超市和其他零售业，是一种十分常见的商品条码。EAN-13 条码包含了 13 位数据字符，其中第 1～3 位为国家代码，我国的代码为 690～699。当条码以 690、691 开头时，第 4～7 位为制造商代码，第 8～12 位为商品项目代码，第 13 位为校验码；以其他字符开头的条码，第 4～8 位为制造商代码，第 9～12 位为商品项目代码，第 13 位为校验码，用来保证条码识别的正确性。EAN-13 条码如图 4-6 所示。

EAN-8 条码是一种 8 位数字代码，用于标识商品。它由 7 位数字表示的商品项目代码和 1 位数字表示的校验码组成，是 EAN-13 条码的压缩版，如图 4-7 所示。EAN-8 条码一般被用于如糖果、钢笔之类的较小尺寸包装。

图 4-6　EAN-13 条码

图 4-7　EAN-8 条码

2）UPC 条码即通用产品条码，它是一种连续性的、长度固定的条码。UPC 条码表示为含有 0～9 数字的 10 位数组合，总长度为 12 位，主要用于美国和加拿大地区。UPC 条码结构简单，前面部分数字是申请公司的前缀，后面部分数字是商品的编码，如图 4-8 所示。

3）39 条码（Code 39）是一种可表示数字和字母等信息的条码，是国内常见的条码之一，主要用于工业、图书及票证的自动化管理。39 条码的每一个字符由 9 个条和空组成，其中 3 个条很宽。39 条码的字符由 10 个数字（0～9）、26 个大写英文字母、7 个特殊字符（+、-、*、/、%、$ 和 .）以及空格等表示，共 44 组编码。

39 条码的长度没有强制性要求，可根据需要自由调整，起始符和终止符固定为星号（*），如图 4-9 所示。在读取 39 条码时，允许读码器进行双向扫描读取。

图 4-8　UPC 条码

图 4-9　39 条码

4）25 条码（Code 25）是最简单的条码，这种条码只含数字 0～9，长度可变，如图 4-10 所示，主要应用于商品批发、仓库、机场和生产（包装）识别等。25 条码已研发出多个种类，有交叉 25 条码、矩阵 25 条码、工业 25 条码等。

5）128 条码是广泛应用在企业内部管理、生产流程、物流控制系统方面的条码，由于其优良的特性，在管理信息系统设计中被广泛使用。

128 条码是一种长度不定的高密度条码，可表示为 ASCII 0～127 共 128 个字符，其中包含了数字、字母和符号，如图 4-11 所示。

图 4-10　25 条码

图 4-11　128 条码

6）库德巴条码是一种长度可变的非连续型自校验数字式码制。其字符集为 10 个数字（0～9）、4 个英文字母（A、B、C、D）以及 6 个特殊字符（-、:、/、.、+ 和 $），共 20 个字符，其中，英文字母只用作起始符和终止符，如图 4-12 所示。库德巴条码常用于仓库、血库和航空快递包裹中。

（3）机器视觉条码识别流程　机器视觉条码识别是条码扫描器利用光电元件，将检测到的光信号转换成电信号，再将电信号通过模拟/数字转换器转化为数字信号，传输到计算机中处理。

机器视觉条码识别流程如图 4-13 所示。

图 4-12　库德巴条码

图 4-13　机器视觉条码识别流程

1）图像采集：用工业相机采集待检测的条码图像。

2）图像预处理：条码识别的成功率很大程度上取决于条码图像本身的质量，图像预处理一般采取的操作有灰度变换、图像二值化、旋转变换和滤波去噪等。

3）条码识别：先对图像进行 ROI 分割，经过预处理后得到条码区域与非条码区域，并同时识别出条码所包含的数字或字母信息。

4）结果输出：把识别出的结果输出到指定设备上。

任务 4.2　视觉单元的调试

学习情境

了解了药盒条码识别系统的工作流程后，接下来要进行的是系统调试。首先是机器视觉单元的调试。

学习目标

知识目标

1）了解药盒条码识别系统的机器视觉方案。
2）了解视觉方案各模块的功能。
3）了解字符识别和条码识别各参数的含义。

技能目标

1）能够根据现场环境调试图像源的参数，并采集到清晰的图像。
2）能够根据需要重新创建特征模板。
3）能够识别出字符和条码。
4）能够调试判别信息模块。

素养目标

1）根据工作岗位职责，完成小组成员的合理分工。
2）团队合作中，各成员能够表达自己的观点。
3）养成安全规范操作的行为习惯。

工作任务

了解字符识别和条码识别各参数的含义，根据实际情况对机器视觉程序进行调试，能够判别出字符识别和条码识别的信息是否一致，如果一致，则输出"OK"；如果不一致，则输出"NG"。

任务分工

根据任务要求，对小组成员进行合理分工，并填写在表 4-5 中。

表 4-5　任务分工表

班级		组号		指导老师	
组长		学号			
组员及分工	姓名	学号		任务分工	

获取信息

引导问题 1：视觉程序中仿射变换模块的作用是什么？

_____

_____

引导问题 2：视觉程序中快速匹配工具的作用是什么？

_____

_____

引导问题 3：字符识别参数中的字符极性有_____和_____两种。

引导问题 4："条码识别工具在识别区域内的条码时，同字符识别工具一样，需要设置区域匹配，方便条码的识别。"这个说法正确吗？为什么？

_____

_____

工作计划

1）制定工作方案，见表 4-6。

表 4-6　工作方案

步骤	工作内容	负责人

2）列出核心物料清单，见表 4-7。

表 4-7　核心物料清单

序号	名称	型号/规格	数量

工作实施

药盒条码识别
系统视觉方案
调试

在调试之前需要将视觉程序复制到安装有药盒条码识别系统的计算机里，确保 UK 插在计算机上。

1. 调试 0 图像源模块

步骤 1：打开 DobotVisionStudio 软件，打开"药盒条码识别系统机器视觉方案"文件，如图 4-14 所示。

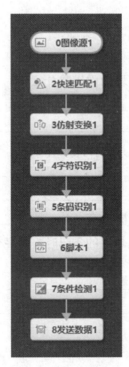

图 4-14　药盒条码识别系统机器视觉方案

步骤 2：设置 0 图像源模块参数。先双击"0 图像源 1"，对 0 图像源模块的参数进行设置，包括设置关联相机、触发源等；接着单击快捷工具栏中的"连续执行"按钮，进入相机管理对话框，调整相机的曝光时间，根据情况调整镜头的光圈大小、对焦环位置、光源的亮度，最终采集到清晰的图像，如图 4-15 所示。

图 4-15　连续执行情况下调整曝光时间

2. 调试 2 快速匹配模块

双击"2 快速匹配 1"，单击"执行"，查看图像显示区域有没有识别出字符。如果能够识别，则使用原来的区域和模板；如果不能识别，则要重建 ROI 区域和特征模板，操作方法如下。

步骤 1：双击"2 快速匹配 1"，进入"2 快速匹配"对话框进行相关参数设置。在"基本参数"选项卡中，先在 ROI 区域选择形状为矩形的工具，再在图像中框选出要识别的区域（蓝色框内为所选区域），如图 4-16 所示。

图 4-16　绘制 ROI 区域

步骤2：单击进入"特征模板"选项卡，先单击⊗图标删除以前的模板，再单击"创建"，如图4-17所示。

图4-17 "特征模板"选项卡参数设置

步骤3：在"模板配置"界面，默认当前图像为识别内容，首先选择矩形建模工具，在图像中框选出对应区域，同步进行模板参数配置（一般情况下默认即可），最后单击"生成模型"按钮，单击"确定"按钮，如图4-18所示。返回到"特征模板"选项卡，单击"执行"按钮，图像显示区域如图4-19所示。

图4-18 模板配置界面

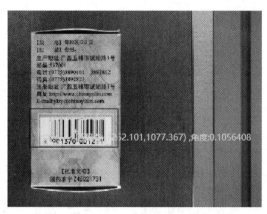

图 4-19　图像显示区域

3. 调试 3 仿射变换模块

步骤 1：单击"3 仿射变换 1"，单击"执行"按钮，查看右方图像显示区域是否为所需对象，如图 4-20 所示。

图 4-20　仿射变换结果

注意：如果此处显示的是相机图像，先检查左上角是否显示为"仿射变换 1 输出图像"，如果不是，则单击下拉列表框进行输出图像的选择。

步骤 2：若结果显示不对，则双击"3 仿射变换"修改参数，重新进行 ROI 区域的选择，其余参数为默认，如图 4-21 所示。

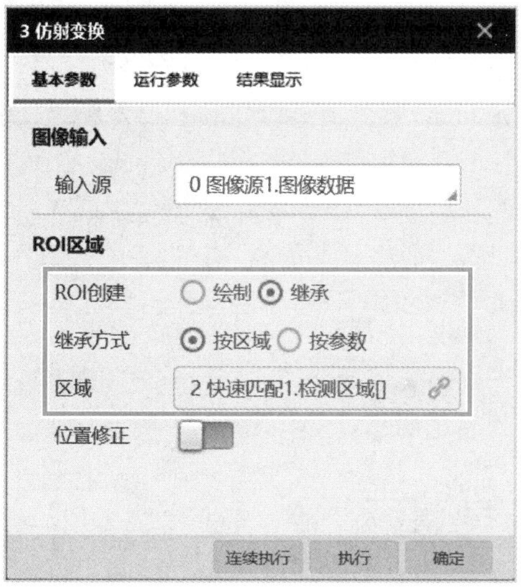

图 4-21　3 仿射变换模块参数设置

注意：此处 ROI 区域的创建有两种方式，如果选择"继承"，则需要进行区域选择；如果选择"绘制"，则需要在图像中框选出仿射变换的区域。

4. 调试 4 字符识别模块

单击"4 字符识别 1"，单击"执行"按钮，右侧图像显示区域和下方的"当前结果"选项卡中会显示字符信息，如图 4-22 所示。

图 4-22　字符识别结果

若字符信息识别错误，则双击"4 字符识别 1"，进入"4 字符识别"对话框，修改对应参数。

步骤 1：在"基本参数"选项卡中，进行图像输入设置和 ROI 区域创建，如图 4-23 所示。绘制工具为矩形，在图像中绘制出矩形的字符识别区域，单击"执行"按钮，查看识别结果。如果识别结果正确，则单击"确定"按钮，返回到流程编辑区域；若识别结果错误，则需要在"运行参数"选项卡中设置参数。

步骤 2：单击"运行参数"标签，进入运行参数设置界面。先进行字库训练，如图 4-24 所示。

图 4-23　4 字符识别模块基本参数设置

图 4-24　4 字符识别模块运行参数设置

字库训练的具体流程为：选取字符区域（出现被红色框分割的字符）→提取字符→训练字符→输入对应的字符→添加至字符库→查看字符库，如图 4-25 所示。

a) 选取和提取字符

b) 训练字符

c) 查看字符库

图 4-25　字库训练流程

注意：在提取字符时，若默认参数导致字符提取错误，可根据实际情况调整字符的宽度和高度等参数，或者选择单个字符进行训练，当识别不准确时可重复进行字库训练。

5. 调试 5 条码识别模块

单击"5 条码识别 1"，右侧图像显示区域和结果显示区域均会显示查找到的条码识别信息，如图 4-26 所示。

图4-26　条码识别结果

6. 调试 6 脚本模块和 7 条件检测模块

6 脚本模块用于判断字符和条码的信息是否一致；7 条件检测模块用于把判断的结果显示在图像显示区域中。

步骤 1：双击"6 脚本 1"，打开"6 脚本"对话框，如图 4-27 所示。从这个对话框中可以直观地看出字符识别和条码识别信息是否一致。

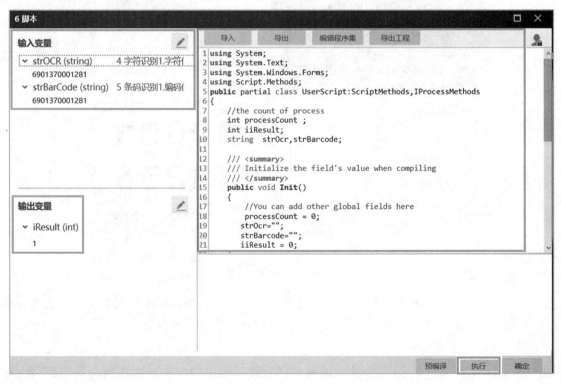

图 4-27　"6 脚本"对话框

输入变量区域显示字符识别和条码识别的结果。单击"执行"按钮，程序运行结果将显示在输出变量区域中。如果结果显示是"1"，表示字符识别和条码识别的信息相同；如果结果显示是"0"，则表示字符识别和条码识别的信息不同。

步骤 2：单击"7 条件检测 1"，结果显示如图 4-28 所示。绿色"OK"是指字符识别和条码识别信息一致，说明药盒印刷没问题，是合格药盒；红色"NG"是指两者不一致，说明药盒印刷有问题，是不合格药盒。

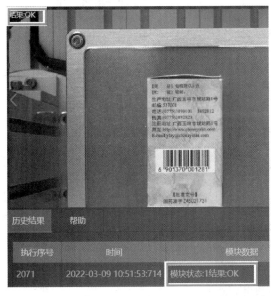

a) 字符与条码信息一致   b) 字符与条码信息不一致

图 4-28 条件检测结果

评价反馈

各组代表介绍任务实施过程，并完成评价表（见表 4-8）。

表 4-8 评价表

类别	考核内容	分值	评价分数		
			自评	互评	教师
理论	了解药盒条码识别系统的机器视觉方案	10			
	了解视觉方案各模块的功能	10			
	了解字符识别各参数的含义	10			
	了解条码识别各参数的含义	10			
技能	能够根据现场环境调试图像源的参数，并采集到清晰的图像	10			
	能够根据需要重新创建特征模板	15			
	能够识别出字符和条码	15			
	能够调试判别信息模块	10			
素养	遵守操作规程，养成严谨科学的工作态度	2			
	根据工作岗位职责，完成小组成员的合理分工	2			
	团队合作中，各成员能够准确表达自己的观点	2			
	严格执行 6S 现场管理	2			
	养成总结训练过程和训练结果的习惯，为下次训练积累经验	2			
	总分	100			

相关知识

1. 药盒条码识别系统的视觉方案

视觉方案是针对采集到的图像分别进行条码识别和字符识别，判断两者是否一致，把判断结果显示在图像显示区域，并把结果发送给机器人。药盒条码识别系统的视觉方案如图 4-29 所示。其中，发送数据模块的作用就是把识别结果发送给机器人，这部分内容将在学习系统联调时详细介绍。

图 4-29　药盒条码识别系统的视觉方案

药盒条码识别系统的机器视觉方案中各模块的功能如下：

1）图像源：用于采集图像。

2）快速匹配：使用图像的边缘特征作为模板，按照预设的参数确定搜索空间，在图像中搜索与模板相似的目标，可用于定位、计数和判断目标有无等。

3）仿射变换：通过定位和位置偏移纠偏图像，使图像旋转平移、缩放到模板状态；确保被检测对象无论位置如何变化，均能被准确地查找到。

4）字符识别：识别药盒标签上的字符文本。

5）条码识别：定位和识别指定区域内的条码信息。

6）脚本：检测字符和条码信息是否一致。可以提供输入接口，然后通过简单 C# 编程处理输入数据，最后传输给输出设备。

7）条件检测：把判断的结果显示在图像显示区域。

8）发送数据：把判断结果发送给机器人。

2. 识别子工具箱中的识别工具

DobotVisionStudio 视觉系统软件识别子工具箱中共有 3 种识别工具，分别是二维码识别、条码识别、字符识别，如图 4-30 所示。

图 4-30　识别子工具箱中的 3 种识别工具

（1）二维码识别工具　二维码识别工具用于识别目标图像中的二维码，将读取的二维码信息以字符的形式输出。一次可以高效准确地识别多个二维码，目前只支持 QR 码和 DataMatrix 码。

（2）字符识别工具　字符识别工具用于读取物品标签上的字符文本，在识别前需要进行字库训练。

1）字库训练流程为框选目标字符区域→提取字符→训练字符。

2）参数设置说明。4 字符识别模块中运行参数的设置，可根据情况适当调整，一般情况下默认即可，如图 4-31 所示，运行参数说明见表 4-9。

图 4-31　4 字符识别模块中运行参数的设置

表 4-9　字符识别模块中运行参数的说明

参数名称	说　　明
字符极性	有白底黑字和黑底白字两种
字符宽度范围	设置字符的最小宽度和最大宽度
宽度类型	有可变类型和等宽类型两种。当字符宽度一致时，建议选择等宽类型；当字符宽度有差异时，建议选择可变类型
字符高度范围	设置字符的最小高度和最大高度
二值化系数	二值化阈值参数
片段面积范围	单个字符片段的面积范围
合格阈值	能够被识别字符的最小得分
距离阈值	Blob 片段到文本基线的距离，大于该值则删除
忽略边框	忽略与 ROI 粘连的字符
主方向范围	文本行倾斜角度搜索范围，范围是 [0，45]
倾斜角范围	允许字符倾斜的最大范围，范围是 [0，45]

（续）

参数名称	说　明
字符最小间隙	两个字符间的最小横向间距
行间最小间隙	多行字符间的最小间隙
最大宽高比	单个字符外接矩形的最大宽高比，范围是 [1, 1000]
分类方法	有距离最近、权重最高和频率最高三种方式
字宽滤波使能	是否开启字符间字符宽度的滤波使能
笔画宽度范围	单个笔画的宽度范围，在打开宽度滤波使能后才能生效，最大范围是 [1, 64]
相似度类型	支持欧式距离和余弦距离，不同类型会影响其识别率

（3）条码识别工具　条码识别工具用于定位和识别指定区域内的条码，允许目标条码以任意角度旋转以及具有一定量角度倾斜，支持 CODE 39 条码、CODE 128 条码、库得巴码、EAN 条码、交替25 条码以及 CODE 93 条码。

条码识别运行参数的设置可根据情况进行适当调整，一般情况下默认即可，如图 4-32 所示，运行参数说明见表 4-10。

图 4-32　条码识别模块运行参数的设置

表 4-10　条码识别模块运行参数说明

参数名称	说　明
条码类型开关按钮	根据不同的条码类型开启相应按钮，支持 CODE 39 条码、CODE 128 条码、库得巴码、EAN 条码、交替 25 条码以及 CODE 93 条码
条码个数	期望查找并输出的条码最大数量，若实际查找到的个数小于该参数，则输出实际数量的条码
降采样系数	即采样点数减少。对于一幅 $N \times M$ 的图像来说，如果降采样系数为 k，则是在原图中每行每列每隔 k 个点取一个点组成一幅图像 降采样系数越大，轮廓点越稀疏，轮廓就越不精细，所以该值不宜设置过大
检测窗口大小	即条码区域定位窗口大小。默认值为 4，取值范围为 4～65。当条码中空白间隔比较大时，可以设置得更大，但也要保证条码高度大于窗口大小的 6 倍左右
静区宽度	条码左右两侧空白区域的宽度，默认值为 30，稀疏时可尝试设置为 50
去伪过滤尺寸	算法支持识别的最小条码宽度和最大条码宽度，默认值为 30～2400
超时退出时间	算法运行时间超过该值，则直接退出。当设置为 0 时，以实际所需算法耗时为准，单位为 ms

3. 仿射变换模块

仿射变换具有抠图和缩放图像的作用，其运行参数如图 4-33 所示，运行参数说明见表 4-11。

图 4-33　仿射变换模块的运行参数设置

表 4-11　仿射变换模块的运行参数说明

参数名称	说　　明
尺度	图像缩放系数
宽高比	图像宽度和高度的比值
插值方式	包括最近邻和双线性两种插值方式
填充方式	即旋转矩形超出图像边界部分的灰度值设置方式，包括常数和临近复制两种方式
填充值	当填充方式为常数时，即指该值，设置范围为 0 ～ 255

任务 4.3　机器人单元的调试

学习情境

机器视觉单元调试完成后，接下来是机器人单元的调试。

学习目标

知识目标

1）了解机器人单元的工作内容。

2）了解机器人程序所用的主要机器人指令。

3）了解机器人控制程序各模块的功能。

技能目标

1）能够快速连接设备。

2）能够用 IO 监控控制机器人吸盘的吸放、气缸的张开与合拢。

3）能够进行机器点位的示教与调试。

素养目标

1）根据工作岗位职责，完成小组成员的合理分工。

2）团队合作中，各成员能够表达自己的观点。

3）养成安全规范操作的行为习惯。

工作任务

读懂机器人运动程序，了解各程序模块的功能，确定机器人运动的点位。

任务分工 （见表 4-12）

根据任务要求，对小组成员进行合理分工，并填写在表 4-12 中。

表 4-12　任务分工表

班级		组号		指导老师	
组长		学号			
组员及分工	姓名		学号		任务分工

获取信息

引导问题 1：机器人单元的工作内容是什么？

_____

_____

引导问题 2：Do（9，ON）指令的功能是_____；Do（11，1）指令的功能是_____。

引导问题 3：Go（RP（P1，{0，0，50，0}））指令的功能是（　　）。

A. 移动到 P1 点

B. 移动到 P1 点 X 方向上偏移 50 的位置

C. 移动到 P1 点 Y 方向上偏移 50 的位置

D. 移动到 P1 点 Z 方向上偏移 50 的位置

工作计划

1）制定工作方案，见表 4-13。

表 4-13　工作方案

步骤	工作内容	负责人

2）列出核心物料清单，见表 4-14。

表 4-14　核心物料清单

序号	名称	型号 / 规格	数量

工作实施

药盒条码识别系统机器人程序调试

1. 机器人单元调试的准备工作

1）确定计算机已经依据网络规划设置好 IP 地址。
2）确定机器人末端已经安装好工具。
3）确定机器人与交换机之间的网线连接正常。
4）确定机器人程序已经复制到计算机上。
5）DobotSCStudio 软件已安装到计算机上，并与机器人相连接。

2. 测试机器人能否正常工作

步骤 1：单击 DobotSCStudio 初始界面快捷设置按钮中的"电动机使能" ⤚ 按钮，在"末端负载"对话框中设置"负载重量"为 500g，然后单击"确认"按钮（见图 2-56）。此时，"电动机使能"红色 ⤚ 按钮变为绿色 ⤚，机器人上的指示灯由蓝色变为绿色。

步骤 2：单击功能模块菜单栏中的"点动面板"→"坐标系点动"，单击点动控制按钮，查看设备末端能否正常运动，如图 4-34 所示。

步骤 3：单击功能模块菜单栏中的"系统设置"→"参数设置"，然后双击"IO 监控"，最后单击数字输出区域的"09:0"按钮，如图 4-35 所示，按钮变成深蓝色，机器人末端靠近气管一侧的吸盘吸气；再次单击"09:1"按钮，吸盘停止吸气。另一侧吸盘的控制由数字输出区域的"10:0"按钮控制。

步骤 4：单击数字输出区域的"11:0"按钮，按钮会变为如图 4-36 所示的"11:1"，此时机器人末端的两个吸盘靠近；再次单击此按钮则会变回"11:0"，两个吸盘远离，如图 4-37 所示。

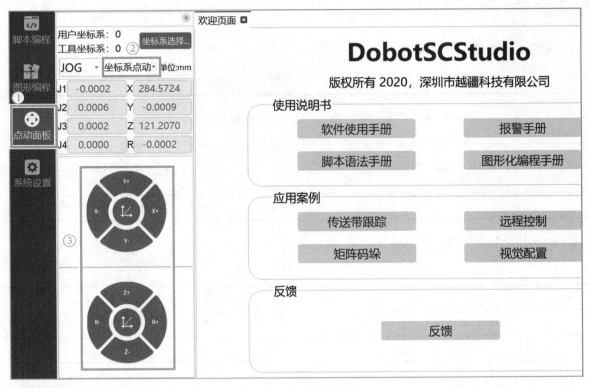

图 4-34　点动控制面板

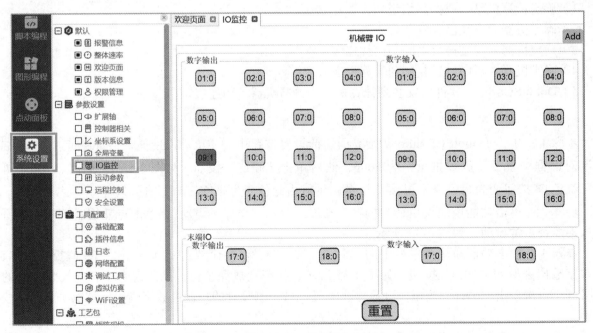

图 4-35　IO 监控操作

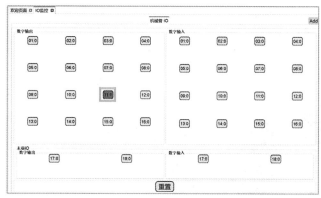
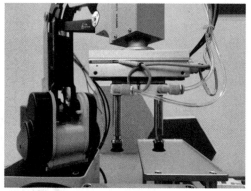

图 4-36 IO 监控控制两个吸盘靠近

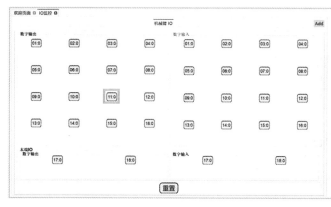
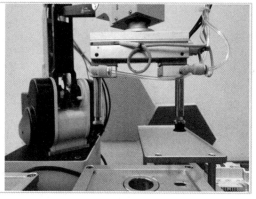

图 4-37 IO 监控控制两个吸盘远离

3. 机器人单元调试的点位

机器人工作流程为：吸取待检测药盒→放置到视觉检测台→吸取检测后的药盒→放置到对应放置区。

在机器人的工作中，需要调试 5 个点位，分别是物料台工件取料点位（P1 点）、检测台视觉检测点位（P2 点）、安全点位（P3 点）、不合格工件放置点位（P4 点）、合格工件放置点位（P5 点）。具体点位示意图如图 4-38 列示。

a) 物料台工件取料点位 (P1 点)　　　　　b) 检测台视觉检测点位 (P2 点)

图 4-38 点位示意图

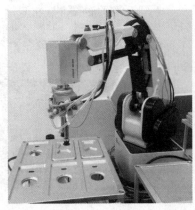
c) 安全点位 (P3点)

d) 不合格工件放置点位 (P4点)

e) 合格工件放置点位 (P5点)

图 4-38　点位示意图（续）

机器人移动合格工件点位运动顺序为：P1 → P2 → P3 → P2 → P5 → P1；机器人移动不合格工件点位运动顺序为：P1 → P2 → P3 → P2 → P4 → P1。

4. 机器人单元的调试

（1）导入工程文件　单击功能模块菜单栏中的"脚本编程"图标，右击"工作空间"，如图 4-39 所示，选择"导入工程"。单击"工作空间"→"条码识别系统"→"线程"→"src0"，程序显示如图 4-40 所示。

图 4-39　导入工程

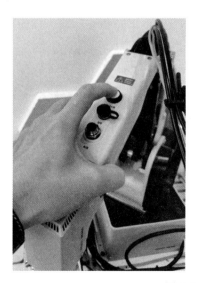

```
     点数据 ⊗  变量 ⊗  src0 ⊗
     保存 撤消 重做 剪切 复制 粘贴 注释                                    API
13
14  function send(thing)                            --机器人发送数据给视觉
15      Send_data = thing
16      TCPWrite(socket,Send_data)
17      Send_data = ""
18  end
19  --建立TCP通信--
20  function createtcp()
21      err, socket = TCPCreate(false, ip, port)
22      if err == 0 then
23          err = TCPStart(socket, 0)
24          if err == 0 then
25              print("TCP_Vision Connection succeeded")
26          else
27              print("TCP_Vision Connection failed")
28          end
29      end
30  end
31
32
33
```

图 4-40　工程导入结果

注意：如果工程文件已经保存或导入到机器人系统中，则不支持重复导入，此时会弹出提示窗口，需要重新选择新的待导入工程。

（2）确定点位信息

步骤 1：双击"工作空间"→"条码识别系统"→"点数据"，或者单击右侧"点数据"选项卡，可以看到 P1 ～ P5 点位的坐标信息，如图 4-41 所示。

No.	Alias	X	Y	Z	Rx	Ry	Rz
1　P1	quliaodian	239.8903	-191.2764	50.1440	-67.5183	0.0000	0.0000
2　P2	shijuejiancedian	265.7548	-31.7946	49.5357	20.2134	0.0000	0.0000
3　P3	anquandian	199.3542	-270.3600	84.6555	-67.5446	0.0000	0.0000
4　P4	buhegefangzhidian	211.4202	173.8778	62.0508	20.1767	0.0000	0.0000
5　P5	hegefangzhidian	57.7088	249.1806	60.4272	19.1635	0.0000	0.0000

图 4-41　点数据

步骤 2：更新 P1 点位（物料台工件取料点位）。在物料台上放好药盒，用 IO 监控控制两个吸盘靠近。使用手持示教＋点动面板相结合的方法控制机器人末端执行器移动到 P1 点位，使吸盘紧贴药盒表面，如图 4-42 所示。

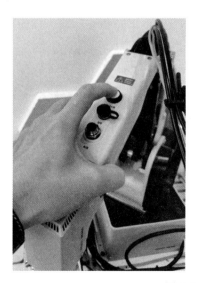
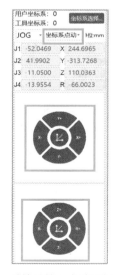
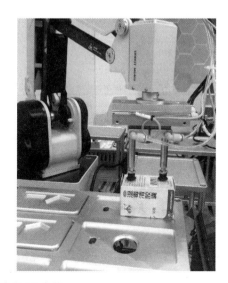

图 4-42　手持示教＋点动面板确定 P1 点位

确定 P1 点位后，单击选中"P1"，然后单击"覆盖"即可获取当前 P1 新的坐标点位，如图 4-43 所示。

	No.	Alias	X	Y	Z	R	Arm	Tool	User
1	P1	quliaodian	214.2270	-207.8585	79.7369	61.9919	Right	No.0	No.0
2	P2	shijuejiancedian	289.9935	-33.6820	78.3614	149.6568	Right	No.0	No.0
3	P3	anquandian	239.3875	181.3774	108.4643	129.1114	Right	No.0	No.0
4	P4	buhegefangzhidian	231.9904	190.7129	89.6341	149.6568	Right	No.0	No.0
5	P5	hegefangzhidian	118.2999	232.6215	83.7815	151.3362	Left	No.0	No.0

图 4-43　更新 P1 点位

注意：在涉及需用机器人末端执行器吸取工件的点位时，可在更新好点位后验证点位坐标是否正确。方法是用"IO 监控"控制两个吸盘吸气，吸住工件，控制点动面板的 Z 轴，让机器人末端执行器抬高，看机器人能否带动工件抬起，若不能，则需重新确定并更新点位。

步骤 3：更新 P2 点位（检测台视觉检测点位）。在视觉检测台放好药盒，控制机器人末端执行器到视觉检测台点位，紧贴药盒，先单击"P2"，再单击"覆盖"即可更新 P2 点位，如图 4-44 所示。

	No.	Alias	X	Y	Z	R	Arm	Tool	User
1	P1	quliaodian	214.2270	-207.8585	79.7369	61.9919	Right	No.0	No.0
2	P2	shijuejiancedian	289.9935	-33.6820	78.3614	149.6568	Right	No.0	No.0
3	P3	anquandian	239.3875	181.3774	108.4643	129.1114	Right	No.0	No.0
4	P4	buhegefangzhidian	231.9904	190.7129	89.6341	149.6568	Right	No.0	No.0
5	P5	hegefangzhidian	118.2999	232.6215	83.7815	151.3362	Left	No.0	No.0

图 4-44　更新 P2 点位

步骤 4：按照相同的操作更新其余 3 个点位。其中，P3 安全点位的确定只要远离视觉检测区，不影响视觉系统进行检测即可。

步骤 5：单击"保存"，即可确定 5 个点位数据，如图 4-45 所示。机器人单元调试完毕。

	No.	Alias	X	Y	Z	R	Arm	Tool	User
1	P1	quliaodian	214.2270	-207.8585	79.7369	61.9919	Right	No.0	No.0
2	P2	shijuejiancedian	289.9935	-33.6820	78.3614	149.6568	Right	No.0	No.0
3	P3	anquandian	239.3875	181.3774	108.4643	129.1114	Right	No.0	No.0
4	P4	buhegefangzhidian	231.9904	190.7129	89.6341	149.6568	Right	No.0	No.0
5	P5	hegefangzhidian	118.2999	232.6215	83.7815	151.3362	Left	No.0	No.0

图 4-45　保存点位数据

评价反馈

各组代表介绍任务实施过程，并完成评价表（见表 4-15）。

表 4-15　评价表

类别	考核内容	分值	评价分数		
			自评	互评	教师
理论	了解机器人单元的工作内容	10			
	了解机器人程序中所用的主要指令	10			
	了解机器人控制程序各模块的功能	10			
技能	能够快速连接设备	10			
	能够用 IO 监控控制机器人吸盘的吸放、气缸的张开与合拢	15			
	能够进行机器点位的示教与调试	35			
素养	遵守操作规程，养成严谨科学的工作态度	2			
	根据工作岗位职责，完成小组成员的合理分工	2			
	团队合作中，各成员能够准确表达自己的观点	2			
	严格执行 6S 现场管理	2			
	养成总结训练过程和训练结果的习惯，为下次训练积累经验	2			
总分		100			

相关知识

1. 机器人单元的工作内容

1）搬运：机器人把检测药盒从物料台吸取到视觉检测台。

2）分拣：视觉检测完毕后，机器人把药盒分拣到对应放置台。

机器人编程
指令

2. 主要机器人程序指令

（1）Go 指令（见表 4-16）

表 4-16　Go 指令

原型	Go（P，"User=1 Tool=2 CP=1 Speed=50 Accel=20 SYNC=1"）
描述	从当前位置以点到点方式运动至笛卡儿坐标系下的目标位置
参数	必选参数：P，表示目标点，可从"点数据"界面获取，也可自定义点位，但只支持笛卡儿坐标点位 可选参数： • User：表示用户坐标系，取值范围为 0 ~ 9 • Tool：表示工具坐标系，取值范围为 0 ~ 9 • CP：运动时设置平滑过渡，取值范围为 0 ~ 100 • Speed：运动速度比例，取值范围为 1 ~ 100 • Accel：运动加速度比例，取值范围为 1 ~ 100 • SYNC：同步标识，取值为 0 或 1。SYNC = 0 表示异步执行，调用后立即返回，但不关注指令执行情况； 　　SYNC = 1 表示同步执行，调用后，待指令执行完才返回
示例	机器人以默认设置运动至 P1 点 Go（P1）

（2）RP 指令（见表 4-17）

表 4-17　RP 指令

原型	RP（P1，{OffsetX，OffsetY，OffsetZ，OffsetR}）
描述	笛卡儿坐标系下增加 X、Y、Z 方向上的偏移量并返回一个新的笛卡儿坐标点，除 MoveJ 外，其他运动指令均支持运行至该点
参数	• P1，表示当前笛卡儿坐标点，可从"点数据"界面获取，也可自定义点位，但只支持笛卡儿坐标点位 • OffsetX、OffsetY、OffsetZ、OffsetR：笛卡儿坐标系下 X 轴、Y 轴、Z 轴、R 轴方向上的偏移 单位为 mm
返回	笛卡儿坐标点
示例	P2=RP（P1，{50，10，32，30}） Go（P2）或 GO（RP（P1，{50，10，32，30}））

（3）Do 指令（见表 4-18）

表 4-18　Do 指令

原型	Do（index，ON｜OFF）
描述	设置数字输出端口状态（队列指令）
参数	• index：数字输出索引，取值范围为 1～24 • ON/OFF：数字输出端口状态。ON 为高电平；OFF 为低电平
示例	Do（1，ON） 将数字输出端口 1 设置为高电平

（4）Wait 指令（见表 4-19）

表 4-19　Wait 指令

原型	Wait（time）
描述	运动暂停时间
参数	time：延时时间，单位为 ms
示例	Go（P1） Wait（1000） 机器人执行至 P1 点后延时 1000ms

药盒条码识别系统机器人程序讲解

3. 机器人运动的点位程序

图 4-46 为机器人运动的点位控制程序。关于机器人单元和机器视觉单元间的通信将在系统联调中介绍。

```
DO(11,1)                                  --控制吸盘靠近
createtcp()                               --建立tcp通信
--料仓取料，放置到视觉检测区 --
Go(RP(P1, {0,0,50,0}),"SYNC=1")           --移动到P1点上方
Go(P1)                                    --移动到P1点
open()                                    --打开吸盘，吸起物料
Go(RP(P1, {0,0,50,0}),"SYNC=1")           --移动到P1点上方
Go(RP(P2, {0,0,50,0}),"SYNC=1")           --移动到P2点上方
Go(P2)                                    --移动到P2点
close()                                   --关闭吸盘，把物料放置在P2点下方
Go(RP(P2, {0,0,50,0}),"SYNC=1")           --移动到P2点上方
Go(P3)                                    --回归安全点位

Send_data = "end"                         --设置发送给视觉的内容
TCPWrite(socket,Send_data)                --机器人发送end给视觉
receive()                                 --接收视觉检测后的信息
print("msg:",msg)                         --验证接收到的视觉信息
```

a) 料仓区取料，放置到视觉检测区

```
--到视觉检测区域取料，将物料放置到对应的区域--
Go(RP(P2, {0,0,50,0}),"SYNC=1")    --移动到P2点上方
Go(P2)                             --移动到P2点
open()                             --打开吸盘，吸取物料
Go(RP(P2, {0,0,50,0}),"SYNC=1")    --移动到P2点上方
if msg == "1" then --若收到视觉信息为1，将物料放到P5点，即合格物料放置点
    Go(RP(P5, {0,0,50,0}),"SYNC=1")
    Go(P5)
    close()
    Go(RP(P5, {0,0,50,0}))
    else                           --若收到视觉信息不是1，将物料放到P4点，即不合格物料放置点
    Go(RP(P4, {0,0,50,0}),"SYNC=1")
    Go(P4)
    close()
    Go(RP(P4, {0,0,50,0}))
end

Go(P3)                    --回归安全点
TCPDestroy(socket)        --结束TCP通信
```

b) 视觉检测区取料，放置到对应区域

图 4-46　机器人运动的点位程序

任务 4.4　系统联调

学习情境

前面的任务分别对机器视觉单元和机器人单元进行了调试，接下来最关键的一步，就是在这两个单元间建立通信，实现数据的传输，从而建立完整的识别系统。

学习目标

知识目标

1）了解 TCP 通信的内容。

2）了解 IO 通信的内容。

3）了解程序中的 TCP 指令。

技能目标

1）能够描述并运行系统联调的操作。

2）能够下载 PLC 程序。

3）能够进行视觉单元的 TCP 通信设置。

素养目标

1）根据工作岗位职责，完成小组成员的合理分工。

2）团队合作中，各成员能够表达自己的观点。

3）养成安全规范操作的行为习惯。

工作任务

设置机器人单元和视觉单元间的通信，完成药盒条码识别系统的联调工作。

任务分工

根据任务要求，对小组成员进行合理分工，并填写在表4-20中。

表4-20 任务分工表

班级		组号		指导老师	
组长		学号			
组员及分工	姓名		学号		任务分工

获取信息

引导问题1：药盒条码识别系统联调的工作流程是什么？

_____

_____

引导问题2：在药盒条码识别系统中，机器人单元和PLC单元间、机器人单元和视觉单元间分别通过哪种通信方式实现数据传输？

_____

_____

引导问题3：什么是TCP协议？ TCP协议的三次交互内容是什么？

_____

_____

引导问题4：TCPWrite（socket，buf，timeout）返回值是"0"时，表示的含义是_____，返回值是"1"时，表示的含义是_____。

工作计划

1）制定工作方案，见表 4-21。

表 4-21　工作方案

步骤	工作内容	负责人

2）列出核心物料清单，见表 4-22。

表 4-22　核心物料清单

序号	名称	型号 / 规格	数量

工作实施

1. 系统联调的准备工作

1）系统启动。

2）连接硬件。

3）打开机器人和机器视觉软件及对应的工程文件。

2. 下载 PLC 程序

步骤 1：打开 TIA Portal 软件，如图 4-47 所示。

PLC 程序下载

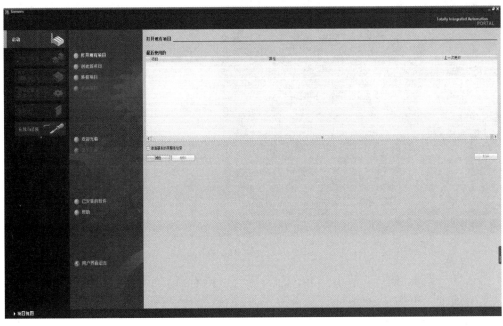

图 4-47　打开 TIA Portal 软件初始界面

步骤2：单击"打开现有项目"，再单击"浏览"按钮，找到PLC程序的存储位置，选择程序"初级平台20210812.ap15_1"，单击"打开"按钮，如图4-48所示。

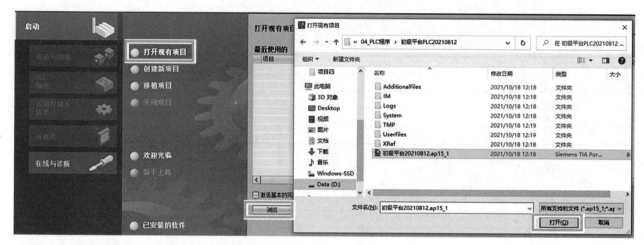

图4-48　打开现有项目

步骤3：选择"启动"→"PLC编程"→"显示所有对象"→"Main"，查看药盒条码识别系统的PLC程序，如图4-49所示。

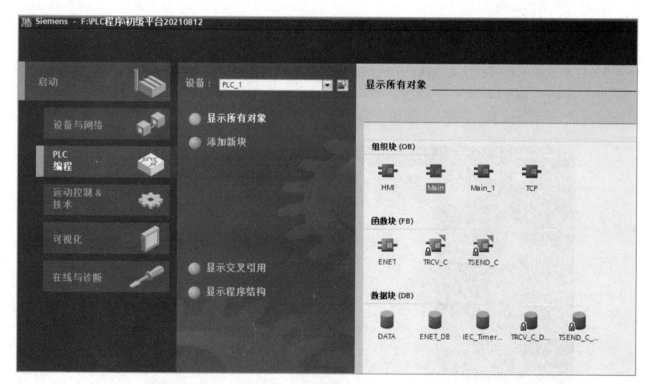

图4-49　查看PLC程序

步骤4：选择"设备组态"，双击"PLC_1"图标，查看窗口下方的"常规"→"PROFINET接口"→"以太网地址"中的"IP地址"是否为"192.168.1.**"。如果不是，需要将IP地址修改为该网段的地址，如192.168.1.20，如图4-50所示。

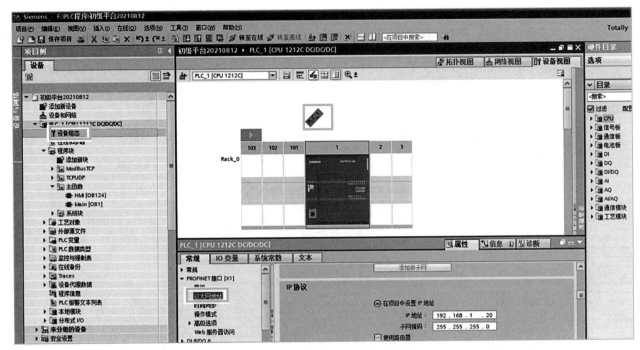

图 4-50 PLC 地址

注意：在药盒条码识别系统中，所有设备的 IP 地址都必须是 192.168.1.**。

步骤 5：选择"设备"→"初级平台 20210812"→"PLC_1[CPU 1212C DC/DC/DC]"→"程序块"→"主函数"→"Main[OB1]"，单击工具栏中的 ⬇ 按钮，如图 4-51 所示。

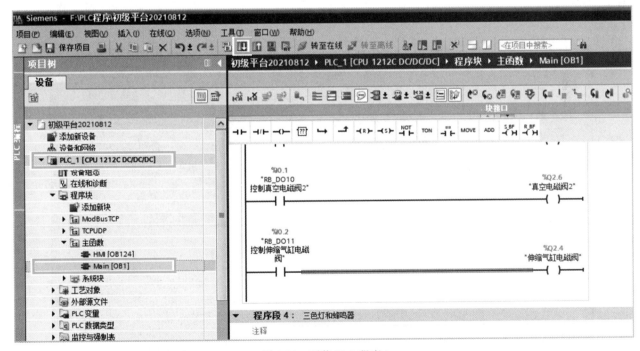

图 4-51 下载 PLC 程序 1

步骤 6：单击"装载"按钮，如图 4-52 所示。

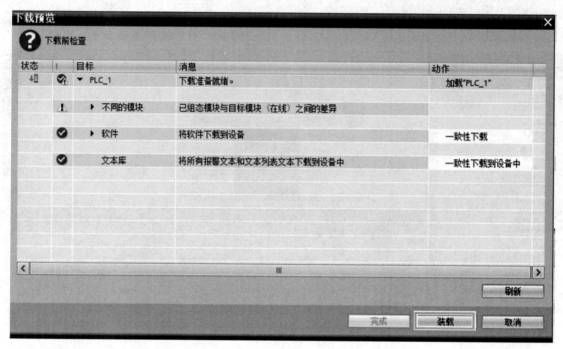

图 4-52　下载 PLC 程序 2

步骤 7：出现如图 4-53 的对话框后，单击"无动作"，在下拉列表框里选择"启动模块"，如图 4-54 所示。

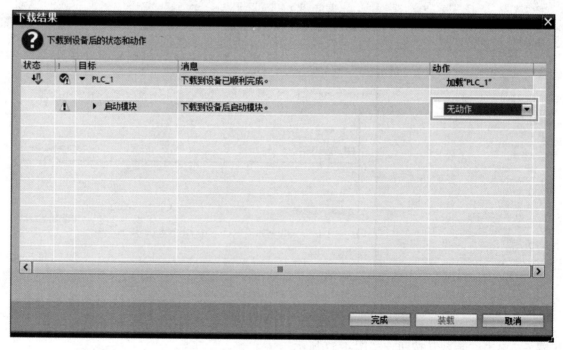

图 4-53　无动作

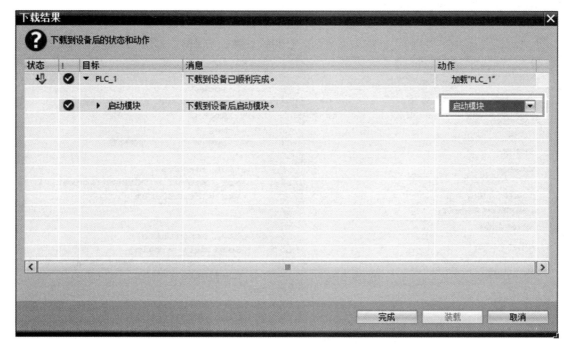

图 4-54　启动模块

步骤 8：单击"完成"按钮，等待对话框右下角出现如图 4-55 所示的下载完成提示。程序下载完成后，此时 PLC 单元指示灯变成绿色，如图 4-56 所示。

图 4-55　下载完成

图 4-56　PLC 单元指示灯变为绿色

3. 建立机器人单元与视觉单元间的通信

（1）修改机器人程序中的视觉单元 IP 地址

步骤 1：将计算机 IP 地址修改为"192.168.1.55"。

步骤 2：在 DobotSCStudio 软件机器人程序界面，把程序第一行的 IP 地址修改为与计算机相同的 IP 地址，如图 4-57 所示。

药盒条码识别
系统联调

121

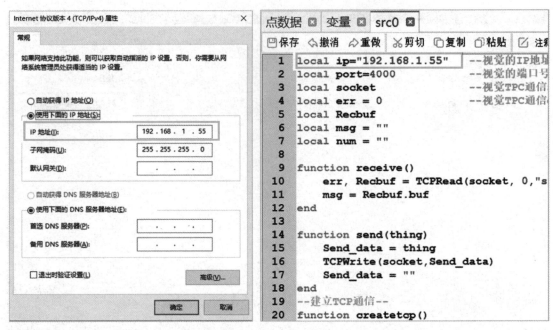

图 4-57　视觉单元 IP 地址比对

（2）进行视觉方案中的 TCP 通信设置

步骤 1：打开 DobotVisionStudio 软件初始界面，单击"工具箱"→"识别"→"条码识别"，打开"条码识别"视觉方案界面。

步骤 2：单击快捷工具栏中的"通信管理"按钮，如图 4-58 所示，打开"通信管理"界面。

图 4-58　通信管理按钮

步骤 3：单击"设备列表"→"1 TCP 服务端"按钮，会弹出信息提示对话框，提示连接失败，然后单击对话框中的"确定"按钮，如图 4-59 所示。

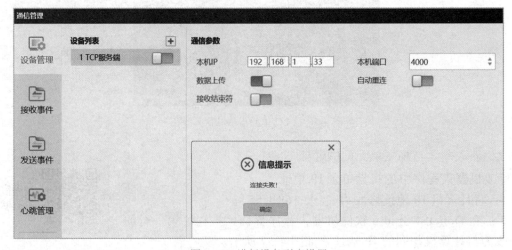

图 4-59　进行设备列表设置

步骤4：返回"通信管理"对话框，修改"通信参数"中的"本机IP"，把IP地址设置为当前的计算机IP地址，再次单击"1 TCP 服务端"按钮，并关闭对话框，如图4-60所示。

图4-60 设置通信管理参数

注意： 视觉程序中的本机端口和本机IP要与机器人程序中的一致，如图4-61所示。即保证计算机、视觉程序、机器人程序三者的IP地址一致。

图4-61 视觉程序中的通信参数与机器人程序中的端口和IP比对

步骤5：在快捷工具栏中，单击"全局触发"按钮，在"字符串触发"选项卡中设置匹配模式和触发配置，如图4-62所示。

图4-62 全局触发参数设置

（3）确认机器人单元和视觉单元间的通信连接 在DobotSCStudio软件中，单击"运行"按钮，如果TCP通信成功建立，在调试结果显示框会看到"TCP_Vision Connection succeeded"的提示，如图4-63所示。

（4）单元间的通信过程

1）机器人单元发送数据给视觉单元。机器人把药盒放置于视觉检测台后，移动到P3安全点，机器人单元通过TCP通信向视觉单元发送一个"end"数据，如图4-64所示。

2）视觉单元收到机器人单元发来的数据。视觉单元收到"end"数据后，开始执行识别方案。可以在DobotVisionStudio软件"通信管理"对话框的"接收数据"中查看到接收到的"end"数据，如图4-65所示。

3）视觉单元向机器人单元发送数据。视觉单元完成条码识别后，单击发送数据模块向机器人单元发送视觉检测后的结果"0"（表示字符和条码不一致）或者"1"（表示两者一致）。双击"8 发送数据1"模块也可以重新设置输出配置和输出数据，如图4-66所示。

```
点数据 ⊠  变量 ⊠  src0 ⊠
保存  撤消  重做  剪切  复制  粘贴  注释              API
13
14  function send(thing)                        --机器人发送数据
15      Send_data = thing
16      TCPWrite(socket,Send_data)
17      Send_data = ""
18  end
19  --建立TCP通信--
20  function createtcp()
21      err, socket = TCPCreate(false, ip, port)
22      if err == 0 then
23          err = TCPStart(socket, 0)
24          if err == 0 then
25              print("TCP_Vision Connection succeeded")
26          else
27              print("TCP_Vision Connection failed")
28          end
29      end
```
```
构建  运行  调试  停止              显示所有 ▾   清除   ▼
2022-07-26 12:14:33 用户操作:  当前状态: 运行中...
2022-07-26 12:14:34 运行信息:  TCP_Vision Connection succeeded
2022-07-26 12:14:34 用户操作:  当前状态: 运行中...
2022-07-26 12:14:34 用户操作:  进入运行状态
```

图 4-63　TCP 通信连接成功提示

```
46
47  Send_data = "end"                --设置发送给视觉的内容
48  TCPWrite(socket,Send_data)       --机器人发送end给视觉
49  receive()                        --接收视觉检测后的信息
50  print("msg:",msg)                --验证接收到的视觉信息
51
```

图 4-64　机器人单元发送数据

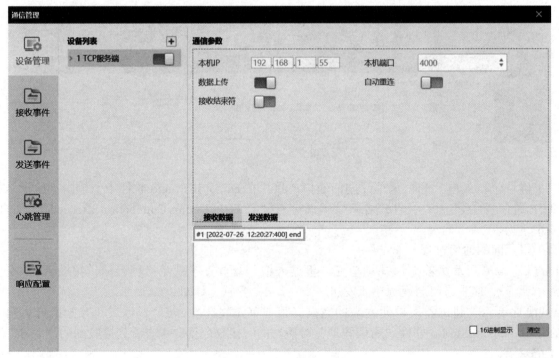

图 4-65　视觉单元接收数据

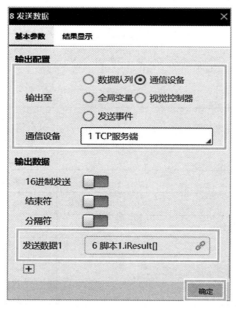

图 4-66　发送数据模块的参数设置

4）机器人单元接收视觉单元发来的数据。视觉单元发过来的结果数据，可以在 DobotSCStudio 软件的调试结果显示框中显示，如图 4-67 所示。此时说明机器人单元知道视觉单元已经完成了识别工作，机器人单元接下来把药盒吸取到对应放置台放置。

图 4-67　机器人单元接收数据

4. 运行机器人程序

建立好各单元间的通信后，接着在机器人程序中单击"运行"。

程序运行后，可在 DobotSCStudio 软件中查看整个系统的运行情况并同步观察机器人的动作。机器人从物料台吸取药盒，放到视觉检测台进行条码识别的检测；视觉条码识别检测完毕后，机器人吸取药盒放到对应的放置台；机器人继续执行相同的操作，直到把需检测的药盒检测完毕为止。

评价反馈

各组代表介绍任务实施过程，并完成评价表（见表4-23）。

表4-23 评价表

类别	考核内容	分值	评价分数		
			自评	互评	教师
理论	了解TCP通信的内容	10			
	了解IO通信的内容	10			
	了解程序中的TCP指令	10			
技能	能够描述并运行系统联调的操作	15			
	能下载PLC程序	5			
	能够在机器人程序中进行视觉单元IP地址的设置	5			
	能够进行视觉单元中的TCP通信设置	15			
	能够描述机器人单元与视觉单元间的通信过程	20			
素养	遵守操作规程，养成严谨科学的工作态度	2			
	根据工作岗位职责，完成小组成员的合理分工	2			
	团队合作中，各成员能够准确表达自己的观点	2			
	严格执行6S现场管理	2			
	养成总结训练过程和训练结果的习惯，为下次训练积累经验	2			
	总分	100			

相关知识

1. 系统联调的工作流程

系统联调是在已经分别调试完机器人单元和机器视觉单元后进行的工作。

系统联调的工作流程为：系统启动→连接硬件→下载PLC程序→打开软件及对应工程文件→在DobotSCStudio软件中修改视觉单元的IP地址→在DobotVisionStudio软件中设置通信管理参数→运行条码识别系统机器人程序→观察系统运行情况。

2. 药盒条码识别系统的通信

药盒条码识别系统需要进行通信的设备有机器人单元、视觉单元和PLC单元。机器人单元与视觉单元之间的通信方式是TCP通信，机器人单元与PLC单元之间的通信方式是IO通信。

TCP通信

（1）机器人单元与视觉单元间的通信——TCP通信　TCP（Transmission Control Protocol）即传输控制协议，是为了在不可靠的互联网络上提供可靠的端到端字节流而专门设计的一个传输协议。TCP是一种通用的开放协议，各厂商接口融合性较好。

TCP是面向连接的通信协议，即在传输数据之前，先在发送端和接收端建立逻辑连接，然后再传输数据，它提供了设备间可靠、无差错的数据传输。

TCP通信能实现两台设备间的数据交互，TCP通信的两端严格区分为客户端（Client）与服务器端（Server）。客户端要主动连接服务器端，发送请求给服务器端处理；服务器端要先启动，不能主动连接客户端，需等待客户端发来的请求，服务器端处理完毕后反馈给客户端。

TCP 协议中，在发送数据的准备阶段，客户端与服务器端之间有三次交互，以保证连接的可靠性，如图 4-68 所示。

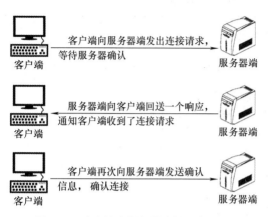

图 4-68　客户端和服务器端的三次交互

（2）机器人单元与 PLC 单元间的通信——IO 通信　IO 通信是一种点对点的串行数字通信协议，其功能是在传感器、执行器与控制器之间进行周期性的数据交换。

药盒条码识别系统中的机器人输入 IO 表见表 4-24。

表 4-24　机器人输入 IO 表

模块名称	Pin	地址	功能	对应关系
机器人 In	1	I0.0	RB_DO9：控制真空电磁阀 1	RB–PLC
	2	I0.1	RB_DO10：控制真空电磁阀 2	RB–PLC
	3	I0.2	RB_DO11：控制伸缩气缸电磁阀	RB–PLC

3. 药盒条码识别系统中的 PLC 功能及程序

药盒条码识别系统使用的 PLC 是西门子 S7–1200，主要用于控制气路的三个电磁阀。三个电磁阀的控制程序如图 4-69 所示。

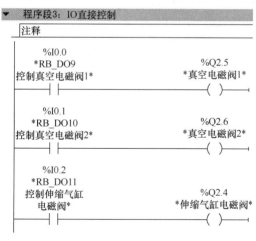

图 4-69　电磁阀控制程序

4. 机器人程序中的 TCP 指令

（1）创建 TCP 网络指令（见表 4-25）

表 4-25　创建 TCP 网络指令

原型	err，socket = TCPCreate（isServer，IP，port）
描述	创建 TCP 网络，仅支持单连接
参数	• isServer：是否创建服务器。0 表示创建客户端；1 表示创建服务器端 • IP：服务器端 IP 地址，需与客户端 IP 地址在同一网段且不冲突 • port：服务器端端口 • 机器人作为服务器端时，port 不能设置为 502 或 8080，否则会与 Modbus 默认端口或流水线跟踪中使用的端口冲突，导致创建 TCP 网络失败
返回	err • 0：创建 TCP 网络成功 • 1：创建 TCP 网络失败 socket：创建的 socket 对象

（2）TCP 连接指令（见表 4-26）

表 4-26　TCP 连接指令

原型	TCPStart（socket，timeout）
描述	TCP 连接功能
参数	• socket：socket 对象 • timeout：等待超时时间，单位为 s。如果 timeout 为 0，则一直等待连接；如果 timeout 不为 0，则超过设定的时间后退出连接
返回	• 0：TCP 网络连接成功 • 1：输入参数错误 • 2：socket 对象不存在 • 3：设置超时时间错误 • 4：若机器人作为客户端，则说明连接错误；若机器人作为服务器端，则说明接收错误

（3）TCP 接收数据指令（见表 4-27）

表 4-27　TCP 接收数据指令

原型	err，Recbuf = TCPRead（socket，timeout，type）
描述	机器人作为客户端时接收来自服务器端的数据 机器人作为服务器端时接收来自客户端的数据
参数	• socket：socket 对象 • timeout：接收超时时间，单位为 s。若 timeout 为 0 或者不设置，则该指令为阻塞式读取，即接收完数据后程序才往下执行；若 timeout 不为 0，则超过设定的 timeout 后，程序继续往下执行，即不考虑数据是否接收完，继续往下执行 • type：缓存类型。若设置为空，则 RecBuf 缓存格式为 table 形式，如果设置为 string，则 RecBuf 缓存格式为字符串形式
返回	err • 0：接收数据成功 • 1：接收数据失败 Recbuf：接收数据缓存区

（4）TCP 发送数据指令（见表 4-28）

表 4-28　TCP 发送数据指令

原型	TCPWrite（socket，buf，timeout）
描述	机器人作为客户端时发送数据给服务器端 机器人作为服务器端时发送数据给客户端
参数	• socket：socket 对象 • buf：发送的数据 • timeout：接收超时时间，单位为 s。若 timeout 为 0 或者不设置，则该指令为阻塞式读取，即接收完数据后程序才往下执行；若 timeout 不为 0，则超过设定的 timeout 后，程序继续往下执行，即不考虑数据是否接收完，继续往下执行
返回	• 0：发送数据成功 • 1：发送数据失败

（5）关闭 TCP 指令（见表 4-29）

表 4-29　关闭 TCP 指令

原型	TCPDestroy（socket）
描述	关闭 TCP 功能
参数	socket：socket 对象
返回	• 0：关闭 TCP 成功 • 1：关闭 TCP 失败

5. 机器人完整程序模块介绍

（1）src0 程序

1）定义本地变量程序如图 4-70 所示。

```
local ip="192.168.1.55"      --视觉的IP地址
local port=4000              --视觉的端口号
local socket                 --视觉TPC通信socket定义
local err = 0                --视觉TPC通信err定义
local Recbuf
local msg = ""
local num = ""
```

图 4-70　定义本地变量程序

2）接收视觉数据函数程序如图 4-71 所示。

```
function receive()                              --机器人接收视觉数据
    err, Recbuf = TCPRead(socket, 0,"string")   --receive message
    msg = Recbuf.buf
end
```

图 4-71　接收视觉数据函数程序

3）发送数据给视觉函数程序如图 4-72 所示。

```
function send(thing)                    --机器人发送数据给视觉
    Send_data = thing
    TCPWrite(socket,Send_data)
    Send_data = ""
end
```

图 4-72　发送数据给视觉函数程序

4）建立 TCP 通信程序如图 4-73 所示。

```
--建立TCP通信--
function createtcp()
    err, socket = TCPCreate(false, ip, port)
    if err == 0 then
        err = TCPStart(socket, 0)
        if err == 0 then
            print("TCP_Vision Connection succeeded")
        else
            print("TCP_Vision Connection failed")
        end
    end
end
```

图 4-73　建立 TCP 通信程序

5）机器人主程序见任务 4.3 中的图 4-46。

（2）全局变量函数程序　全局变量函数程序如图 4-74 所示。

```
function open()     --创建开启功能
    DO(9,ON)        --数字端口9设置为高电平
    DO(10,ON)       --数字端口10设置为高电平
    Wait(500)       --延时500ms
end

function close()    --创建关闭功能
    DO(9,OFF)       --数字端口9设置为低电平
    DO(10,OFF)      --数字端口10设置为低电平
    Wait(500)       --延时500ms
end
```

图 4-74　全局变量函数程序

项目总结

本项目介绍了药盒条码识别系统的相关知识，包括认识药盒条码识别系统、视觉单元调试、机器人单元调试及系统联调。通过对本项目的学习，可以掌握药盒条码识别系统的调试方法。

拓展阅读

机器视觉智能扫描助力京东物流

随着数字化技术的发展和应用，物流行业的自动化发展程度也在不断提高，智慧物流也从理念走向了实际应用。随着电商行业的快速发展，我国的物流自动化已经走在了世界前沿。

物流行业如何才能给用户最好的体验？一个字，就是"快"。从网上下单到商品送达客户手中，一般会经历 1 ～ 3 天的时间。各大物流企业对商品流动的每个环节均进行了时间最优化管理，以京东物流为例，其自主研发了一套基于机器视觉智能扫描批量收货入库系统——秒收，性能突出。

秒收系统主要应用于物流作业过程中的入库环节，可使一名员工在 10s 内完成近 2000 件商品的信息采集工作，使得商品入库作业的工作效率提升了数十倍。

秒收系统把自动化机器设备和机器视觉技术进行了完美的结合。其工作流程为：先把商品整齐摆放在可旋转的拖盘上，通过自动移动的机器人背负视觉 16K 线扫相机，以 2m/s 的速度对商品的条码进行扫描，完成图像的采集；再由机器视觉软件对图像进行处理与分析；最后与其他设备相结合，快速完成数据的录入、商品的分类与入库。

项目 5
手机尺寸测量系统的调试

05

项目引入

在如今的自动化制造行业中，机器视觉测量方式已普遍替代了传统的人工手动测量方式。机器视觉测量方式相较人工手动测量方式有着很大的优势，能够快速准确地完成如长度、圆、角度、弧线和区域等测量工作。

本项目将以手机尺寸测量为例，介绍机器视觉测量的相关知识，通过机器视觉测量获取手机的尺寸参数，如手机内部圆的直径、手机边长、手机外围圆弧半径等参数，并且能够通过控制机器人完成手机的搬运工作。

知识图谱

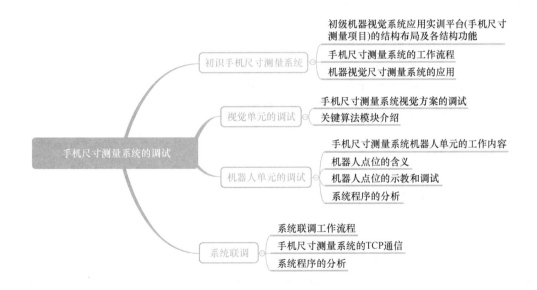

任务 5.1　初识手机尺寸测量系统

学习情境

视觉测量系统有哪些优势呢？手机尺寸测量系统是如何工作的呢？

学习目标

知识目标

1）对机器视觉尺寸测量有整体性的认知。
2）了解长度测量的方式和工作流程。

技能目标

1）能够认识初级机器视觉系统应用实训平台（手机尺寸测量项目）的结构布局。
2）能够描述初级机器视觉系统应用实训平台（手机尺寸测量项目）各结构功能。
3）能够描述初级机器视觉系统应用实训平台（手机尺寸测量项目）的工作流程。

素养目标

1）根据工作岗位职责，完成小组成员的合理分工。
2）团队合作中，各成员能够表达自己的观点。
3）养成安全规范操作的行为习惯。

工作任务

认识初级机器视觉系统应用实训平台（手机尺寸测量项目）的结构布局，描述各结构功能；观看实训平台（手机尺寸测量项目）的工作过程演示，描述其工作流程。

任务分工

根据任务要求，对小组成员进行合理分工，并填写在表 5-1 中。

表 5-1　任务分工表

班级		组号		指导老师	
组长		学号			
组员及分工	姓名	学号		任务分工	

获取信息

引导问题 1：在机器视觉尺寸测量中，通常涉及哪些尺寸参数的测量？

_____

_____

引导问题 2：长度测量可分为_____和_____两种方式。

引导问题 3：简述机器视觉尺寸测量的工作流程。

_____

_____

工作计划

1）制定工作方案，见表 5-2。

表 5-2　工作方案

步骤	工作内容	负责人

2）列出核心物料清单，见表 5-3。

表 5-3　核心物料清单

序号	名称	型号 / 规格	数量

工作实施

1. 认识初级机器视觉系统应用实训平台（手机尺寸测量项目）的结构布局及各结构功能

步骤 1：认识实训平台的结构布局。

初级机器视觉系统应用实训平台（手机尺寸测量项目）是对手机工件的尺寸进行测量的实训平台，由视觉单元、执行单元、PLC 单元等硬件组成，其结构布局如图 5-1 所示。

步骤 2：描述各结构的功能。

1）视觉单元：包括相机、镜头、光源和算法软件，主要用于测量手机工件的尺寸。

2）执行单元：由机器人执行相应的操作命令，主要是不同单元间手机工件的搬运。

3）物料台：主要用于放置待测量的手机工件。

4）PLC 单元：控制电磁阀的通断。

5）测量完成手机工件放置台：主要用于放置测量后的手机工件。

6）视觉检测台：位于视觉单元的正下方，主要用于放置进行视觉检测的手机工件。

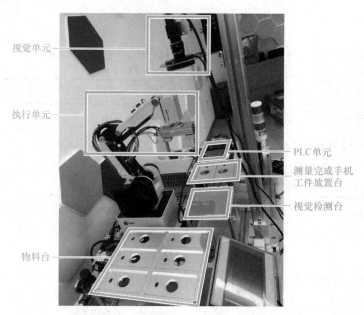

视觉单元

执行单元

PLC单元
测量完成手机
工件放置台

视觉检测台

物料台

图 5-1 初级机器视觉系统应用实训平台（手机尺寸测量项目）的结构布局

2. 描述初级机器视觉系统应用实训平台（手机尺寸测量项目）的工作流程

步骤 1：观看初级机器视觉系统应用实训平台（手机尺寸测量项目）的工作过程演示。

步骤 2：描述初级机器视觉系统应用实训平台（手机尺寸测量项目）的工作流程。

初级机器视觉系统应用实训平台（手机尺寸测量项目）的工作流程为：系统启动，机器人把手机工件从物料台吸取到视觉检测台，视觉程序收到信号后分别对手机尺寸进行测量，测量完成后，把测量完成信息发送给机器人，机器人把手机工件吸取到测量完成手机工件放置台，如图 5-2 所示。

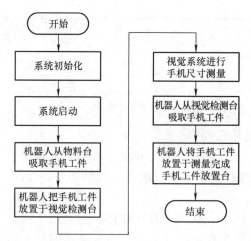

图 5-2 初级机器视觉系统应用实训平台（手机尺寸测量项目）工作流程

 评价反馈

各组代表介绍任务实施过程，并完成评价表见表 5-4。

表 5-4　评价表

类别	考核内容	分值	评价分数		
			自评	互评	教师
理论	了解尺寸测量的方式	15			
	了解尺寸测量的工作流程	15			
技能	能够认识初级机器视觉系统应用实训平台（手机尺寸测量项目）的结构布局	10			
	能够描述初级机器视觉系统应用实训平台（手机尺寸测量项目）各结构功能	20			
	能够描述初级机器视觉系统应用实训平台（手机尺寸测量项目）的工作流程	30			
素养	遵守操作规程，养成严谨科学的工作态度	2			
	根据工作岗位职责，完成小组成员的合理分工	2			
	团队合作中，各成员能够准确表达自己的观点	2			
	严格执行 6S 现场管理	2			
	养成总结训练过程和训练结果的习惯，为下次训练积累经验	2			
总分		100			

相关知识

机器视觉尺寸测量

1. 机器视觉尺寸测量概述

在传统尺寸测量中，通常使用卡尺或者千分尺等测量工具，对被测物的某个参数进行多次测量后取平均值得出相应的测量尺寸。由于测量设备和测量手段存在精度低、测量速度慢、测量数据无法及时处理等问题，导致传统的测量方法已经无法满足大规模自动化生产的需要。随着机器视觉技术的发展，基于机器视觉技术的尺寸测量方法逐渐普遍化，其具有的成本低、精度高、安装简易、非接触性、实时性、灵活性和精确性等特点，可以有效地解决传统尺寸测量方法存在的问题。

在自动化制造行业，使用机器视觉测量零部件以及各类产品的尺寸，能够大大提升产品良品率并提高生产效率。机器视觉尺寸测量除了使用工业相机进行 2D 尺寸测量以外，还发展出了使用 3D 结构光等技术实现 3D 尺寸测量，能够完成对产品的长度、圆、角度、弧线和区域等参数的测量。

2. 机器视觉尺寸测量典型应用——长度测量

（1）长度测量的方式　长度测量是尺寸测量中最常见的一种测量，基于机器视觉的长度测量发展迅速，技术比较成熟，测量精度高、速度快，在在线有形工件的实时 NG（No Good）判定、监控分检方面应用广泛。

长度测量可分为直线间距离测量和线段长度测量两种方式。

1）距离测量。在距离测量时，需要对定位距离的两条直线进行识别和拟合，在得到直线方程后，可根据数学方法计算得到两线之间的距离。因此，距离测量的关键是对定位距离的直线拟合，最经典的直线拟合方法是最小二乘法和哈夫变换法。

2）线段测量。在工件测量中，一般都会对多边形的边长进行测量，边长的测量即测量两个端点间的线段长度，这种测量称为线段测量。线段测量最重要的步骤是找到工件图像中线段的首尾两个端点，端点一般为图像的角点。因此，线段测量的重点是把工件图像中的角点找出来。常用的是 Harris 角点检测法，其基本流程为对采集到的工件图像采用 Harris 角点检测法进行检测，然后对工件图像进行轮廓检测，再利用轮廓信息对角点位置进行精确定位，最后根据检测到的角点计算角点之间的线段长度。

（2）长度测量的工作流程　在长度测量系统中，先用相机对图像采集位置上的测量工件进行原始图像采集。图像采集完成后，机器视觉软件中的图像处理模块将对所有图像进行预处理，然后进行图像分析，进而完成工件尺寸的测量。

任务 5.2　视觉单元的调试

学习情境

要想顺利完成手机工件的尺寸测量工作，需要如何调试机器视觉的程序方案呢？

学习目标

知识目标

1）了解视觉程序的内容。
2）了解圆查找、直线查找等常用的视觉算法模块。
3）能够读懂手机尺寸测量系统的视觉程序。

技能目标

1）能够判断出手机尺寸测量系统的视觉程序需要调试的模块。
2）能够正确调试视觉程序各模块的参数。

素养目标

1）根据工作岗位职责，完成小组成员的合理分工。
2）团队合作中，各成员能够准确表达自己的观点。
3）养成安全规范操作的行为习惯。

工作任务

利用视觉单元完成手机尺寸的测量，具体测量内容有：
1）圆直径，如标记 c。
2）倒角半径，如标记 f。
3）长度，如标记 b。
4）宽度，如标记 a。
5）圆心到线的距离，如标记 d。
6）角度，如标记 e。
手机尺寸测量标注如图 5-3 所示。

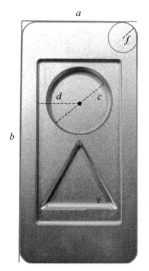

图 5-3　手机尺寸测量标注

任务分工

根据任务要求，对小组成员进行合理分工，并填写在表 5-5 中。

表 5-5　任务分工表

班级		组号		指导老师	
组长		学号			
组员及分工	姓名	学号		任务分工	

获取信息

引导问题 1：圆查找模块参数中的边缘类型有哪几种？各有什么含义？

_____

_____

引导问题 2：模块参数中的边缘极性有哪几种？各有什么含义？

_____

_____

工作计划

1）制定工作方案，见表 5-6。

表 5-6　工作方案

步骤	工作内容	负责人

2）列出核心物料清单，见表 5-7。

表 5-7　核心物料清单

序号	名称	型号 / 规格	数量

工作实施

手机尺寸测量
系统视觉程序
调试（上）

手机尺寸测量
系统视觉程序
调试（中）

手机尺寸测量
系统视觉程序
调试（下）

在调试之前需要将视觉程序复制到安装有手机尺寸测量系统的计算机里，并确保 UK 插在计算机上。

1. 相机标定

按照项目 3 中任务 3.2 介绍的方式进行相机标定，生成"物理标定"文件。

2. 调试 0 图像源模块

步骤 1：手动把测量用的手机工件放置于视觉检测台上。

步骤 2：打开 DobotVisionStudio 软件，选择通用方案。

步骤 3：单击菜单栏中的"文件"→"打开方案"命令，找到并打开"手机尺寸测量 .sol 文件"，视觉方案程序如图 5-4 所示。

步骤 4：设置 0 图像源模块参数。先双击"0 图像源 1"，打开图像源对话框，对图像源的参数进行设置，包括设置全局相机、相机管理的选择相机和触发源等参数，如图 5-5 所示；接着单击快捷工具栏中的"连续执行"，在连续执行的情况下，进入"相机管理"对话框，调整相机的曝光时间，同步调整镜头的光圈大小、对焦环位置、光源的亮度，直至最终能够显示清晰的图像。

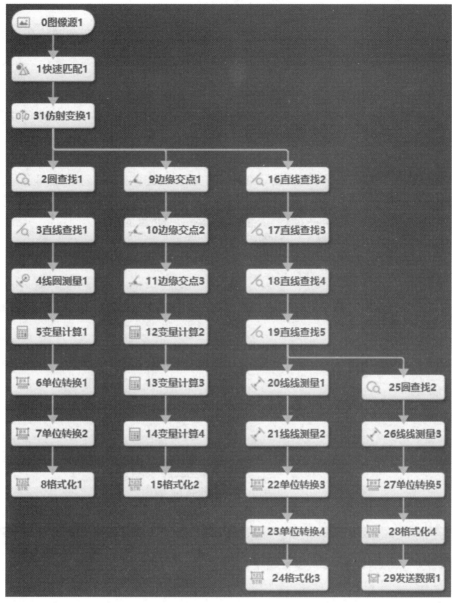

图 5-4 视觉方案程序

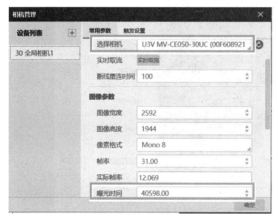

图 5-5 相机参数

3.调试 1 快速匹配模块

单击快捷工具栏中的"执行"按钮，查看"1 快速匹配 1"是否能够匹配到特征模板，如果不能，需重新创建特征模板。

步骤 1：删除原来的特征模板。

步骤 2：创建新的特征模板。在"特征模板"选项卡中，单击"创建"按钮创建特征模板，如图 5-6 所示。在"模板配置"对话框中，单击"创建矩形掩模"按钮，拖动生成的矩形掩模覆盖手机工件图像。在右下方的配置参数中根据实际情况设置特征尺度和对比度阈值，单击"生成模型"按钮生成特征模型，需用绿色框完全框住手机工件的重要特征轮廓，如图 5-7 所示，最后单击"确定"按钮。完成模板的创建后，可以在"特征模板"选项卡中看到新建的模板，如图 5-8 所示。

图 5-6　创建特征模板

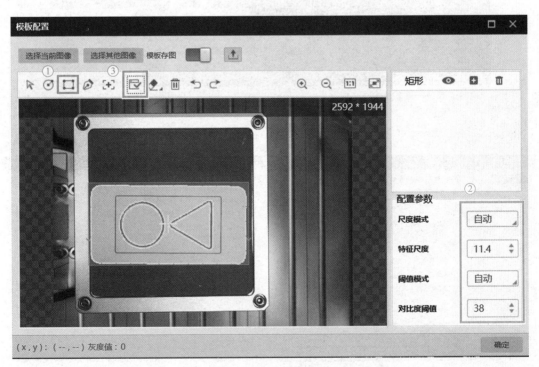

图 5-7　进行模板配置

图 5-8　查看已创建的特征模板

4. 调试测量圆的直径、圆心到直线的距离的相关模块

单击快捷工具栏中的"执行"按钮，分别查看"2 圆查找 1"和"3 直线查找 1"是否能够准确查找对应的目标，如果不能，需重新设置参数。设置步骤如下：

（1）调整"2 圆查找 1"参数

步骤 1：双击"2 圆查找 1"，设置基本参数。ROI 创建选择"绘制"，形状选择"⬖"，然后在图像显示区域拖拽一个圆，松开鼠标之后圆环能够覆盖住整个目标圆的轮廓，圆环中间的圆与目标圆的轮廓重叠，如图 5-9 所示。

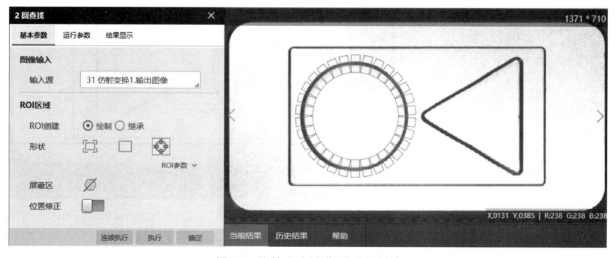

图 5-9　绘制"2 圆查找 1"ROI 区域

步骤 2：单击"运行参数"标签，设置运行参数。可以通过调整扇环半径、边缘类型、边缘极性、边缘阈值等参数优化圆查找的识别结果，最后单击"执行"按钮查看圆查找的结果，如图 5-10所示。

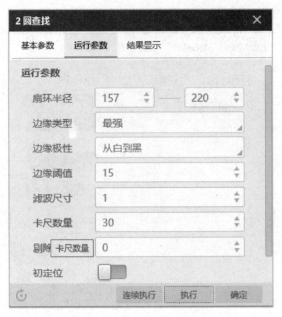

图 5-10　2 圆查找运行参数设置

（2）调整"3 直线查找 1"参数

步骤 1：双击"3 直线查找 1"，设置基本参数。ROI 创建选择"绘制"，形状选择"⊞"，沿着目标直线拖拽出一条直线，松开鼠标，然后选中任意一个小方框，调整其高度，使 ROI 区域覆盖住目标直线，如图 5-11 所示。

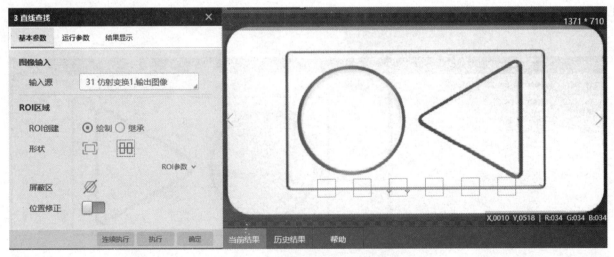

图 5-11　绘制"3 直线查找"ROI 区域

步骤 2：单击"运行参数"标签，设置运行参数。可以通过调整边缘类型、边缘极性、边缘阈值等参数优化直线查找的识别结果。然后单击"执行"按钮查看直线查找的结果，如图 5-12 所示。

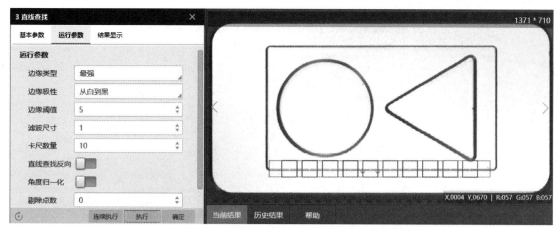

图 5-12　3 直线查找运行参数设置及其运行结果

（3）重新加载"6 单位转换 1"和"7 单位转换 2"的标定文件。

步骤 1：双击"6 单位转换 1"，单击加载标定文件的"⌷"图标，选择相机标定生成的"物理尺寸"标定文件，如图 5-13 所示。

图 5-13　6 单位转换参数设置

步骤 2：双击"7 单位转换 2"，单击加载标定文件的"⌷"图标，选择相机标定生成的"物理尺寸"标定文件，如图 5-14 所示。

5. 调试测量夹角的相关模块

单击快捷工具栏中的"执行"按钮，分别查看"9 边缘交点 1""10 边缘交点 2"和"11 边缘交点 3"是否能够准确查找到对应的目标，如果不能，需重新设置参数，设置步骤如下。

步骤 1：重新绘制 ROI 区域。双击"9 边缘交点 1"，在"基本参数"选项卡中，ROI 创建选择"绘制"，形状选择"▢"，然后在图像显示区域拖动鼠标框选出识别区域，如图 5-15 所示。

图 5-14　7 单位转换参数设置

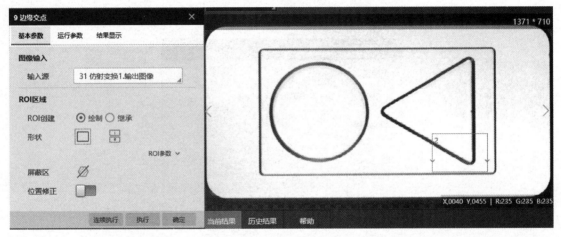

图 5-15　绘制 9 边缘交点 ROI 区域

步骤 2：单击"运行参数"标签，设置运行参数。可以通过调整边缘 1 类型、边缘 1 极性、边缘阈值等参数优化边缘交点的识别结果，单击"执行"按钮查看边缘交点识别结果，如图 5-16 所示。

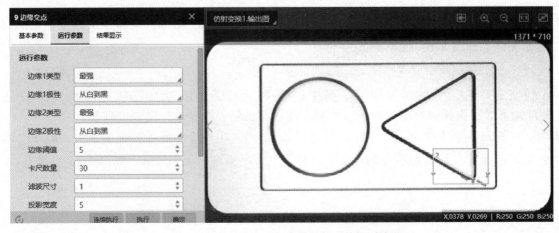

图 5-16　9 边缘交点运行参数设置及其识别结果

步骤 3：按照 9 边缘交点的操作对 10 边缘交点和 11 边缘交点模块的 ROI 区域绘制和运行参数进行调整。

6. 调试测量手机外围长、宽的相关模块

单击快捷工具栏中的"执行"按钮，分别查看 4 个直线查找模块是否能够准确查找到对应的目标，如果不能，需重新设置参数，设置步骤如下。

（1）调整直线查找参数

步骤 1：重新绘制 ROI 区域。双击"16 直线查找 2"，在"基本参数"选项卡中，ROI 创建选择"绘制"，形状选择"□"，然后在图像显示区域沿着目标直线绘制一条直线，松开鼠标，然后选中任意一个小框，调整其高度，让 ROI 区域覆盖住目标直线，如图 5-17 所示。

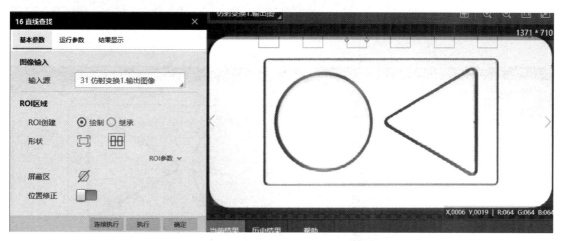

图 5-17　绘制"16 直线查找 2"ROI 区域

步骤 2：单击"运行参数"标签，设置运行参数。通过调整边缘类型、边缘极性、边缘阈值等参数优化直线查找的识别结果，最后单击"执行"按钮查看识别结果，如图 5-18 所示。

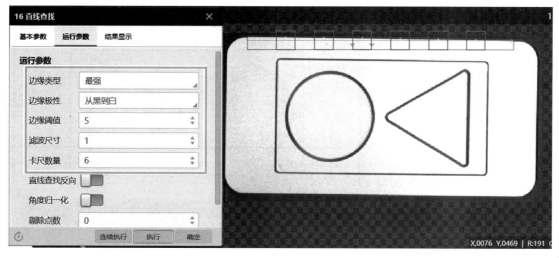

图 5-18　16 直线查找运行参数设置及其执行结果

步骤 3：用同样的方法对"17 直线查找 3""18 直线查找 4""19 直线查找 5"进行 ROI 区域绘制与运行参数调整。运行参数设置与识别结果如图 5-19 ～图 5-21 所示。

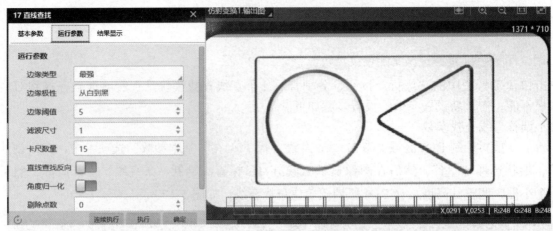

图 5-19 17 直线查找运行参数设置及其执行结果

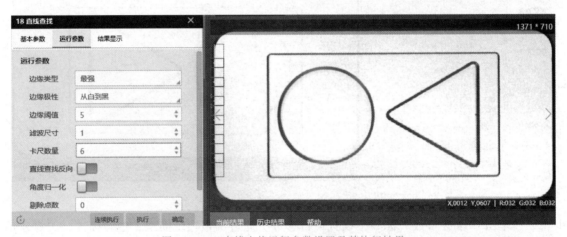

图 5-20 18 直线查找运行参数设置及其执行结果

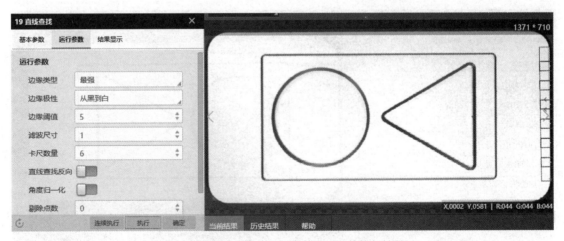

图 5-21 19 直线查找运行参数设置及其执行结果

（2）重新加载"22 单位转换 3"和"23 单位转换 4"的标定文件。

步骤 1：双击"22 单位转换 3"，单击加载标定文件的"▱"图标，选择相机标定生成的"物理尺寸"标定文件，如图 5-22 所示。

步骤 2：双击"23 单位转换 4"，单击加载标定文件的"▱"图标，选择相机标定生成的"物理尺寸"标定文件，如图 5-23 所示。

图 5-22　22 单位转换参数设置

图 5-23　23 单位转换参数设置

7. 调试测量手机外围圆弧半径的相关模块

单击快捷工具栏中的"执行"按钮，查看"25 圆查找 2"是否能够准确查找到对应的目标，如果不能，需重新设置参数，设置步骤如下。

（1）调整 25 圆查找参数

步骤 1：重新绘制 ROI 区域。双击"25 圆查找 2"，ROI 创建选择"绘制"，形状选择""，然后在图像显示区域拖拽一个圆，松开鼠标之后将其调整为扇圆环，扇圆环中间的圆弧与倒角的轮廓重叠，如图 5-24 所示。

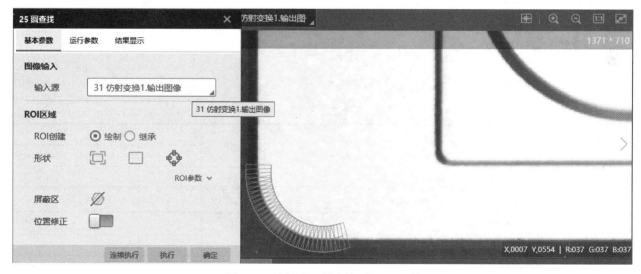

图 5-24　绘制"25 圆查找 2"ROI 区域

步骤 2：单击"运行参数"标签，设置运行参数。通过调整扇环半径、边缘类型、边缘极性和边缘阈值等参数优化圆查找的识别结果，最后单击"执行"按钮查看圆查找结果，如图 5-25 所示。

（2）重新加载标定文件　双击"27 单位转换 5"，单击加载标定文件的"📂"图标，选择相机标定生成的"物理尺寸"标定文件，如图 5-26 所示。

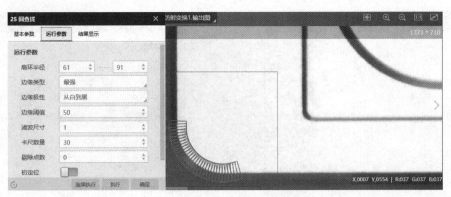

图 5-25　25 圆查找参数设置及其识别结果

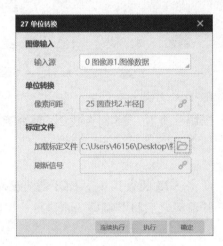

图 5-26　"27 单位转换"参数设置

评价反馈

各组代表介绍任务实施过程，并完成评价表（见表 5-8）。

表 5-8　评价表

类别	考核内容	分值	评价分数		
			自评	互评	教师
理论	了解视觉程序的内容	10			
	了解圆查找、直线查找等常用的视觉算法模块	10			
	能够读懂手机尺寸测量系统的视觉程序	10			
技能	能够判断手机尺寸测量系统的视觉程序需要调整的模块	20			
	能够获取清晰的图像	10			
	能够正确调整视觉程序中圆查找、直线查找等模块的参数	30			
素养	遵守操作规程，养成严谨科学的工作态度	2			
	根据工作岗位职责，完成小组成员的合理分工	2			
	团队合作中，各成员能够准确表达自己的观点	2			
	严格执行 6S 现场管理	2			
	养成总结训练过程和训练结果的习惯，为下次训练积累经验	2			
总分		100			

相关知识

1. 视觉程序介绍

视觉方案程序如图 5-27 所示，在快速匹配特征后一共分成了四列，第一列测量的是手机中圆的直径和圆心到直线的距离，最终输出实际尺寸结果；第二列测量的是手机中三角形三个角的角度，最终输出三角形实际角度数值；第三列测量的是手机外围的长和宽，最终输出实际尺寸结果；第四列测量的是手机外围圆角的圆弧半径，最终输出实际圆弧半径数值。

识读手机尺寸测量系统视觉程序

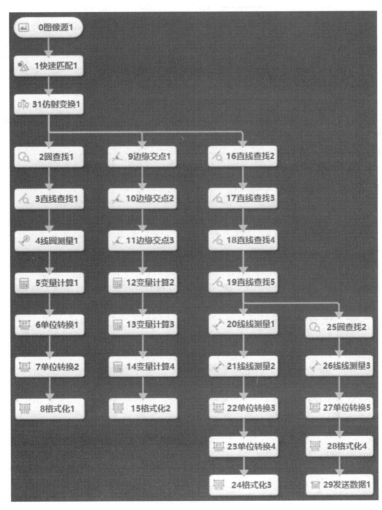

图 5-27　视觉方案程序

2. 常用的视觉算法模块

（1）圆查找　圆查找是先检测出多个边缘点，然后拟合成圆形，可用于圆的定位与测量。圆查找运行参数说明见表 5-9。

表 5-9　圆查找运行参数说明

参数名称	说　明
扇环半径	圆环 ROI 的内外圆半径
边缘类型	有最强、最后一条和第一条三种模式 • 最强模式表示只检测扫描范围内梯度最大的边缘点集合并拟合成圆 • 最后一条模式表示只检测扫描范围内与圆心距离最大的边缘点集合并拟合成圆 • 第一条模式表示只检测扫描范围内与圆心距离最小的边缘点集合并拟合成圆
边缘极性	有黑到白、白到黑以及任意极性三种模式 • 黑到白模式表示从灰度值低的区域过渡到灰度值高的区域的边缘 • 白到黑模式表示从灰度值高的区域过渡到灰度值低的区域的边缘 • 任意极性模式则为上述两种边缘均被检测。
边缘阈值	即梯度阈值，范围为 0～255，只有边缘梯度阈值大于该值的边缘点才被检测到。数值越大，抗噪能力越强，得到的边缘点数量越少，甚至导致目标边缘点被筛除
滤波尺寸	用于增强边缘和抑制噪声，最小值为 1。当边缘模糊或有噪声干扰时，增大该值有利于使得检测结果更加稳定，但如果边缘与边缘之间距离小于滤波尺寸时，反而会影响边缘位置的精度甚至丢失边缘，该值需要根据实际情况设置
卡尺数量	用于扫描边缘点的 ROI 区域数量
剔除点数	误差过大而被排除不参与拟合的最小点数量。一般情况下，离群点越多，该值应设置越大，为获取更佳查找效果，建议与剔除距离结合使用
初定位	圆初定位可以大致判定 ROI 区域内更接近圆的区域中心作为初始圆中心，便于后续精细圆查找；若关闭初定位，则默认 ROI 中心为初始圆中心。一般情况下，圆查找前一模块为位置修正，建议关闭初定位
下采样系数	下采样也称降采样，即采样点数减少。对于一幅 $N \times M$ 的图像来说，如果下采样系数为 k，则在原图中每行每列每隔 k 个点取一个点组成一幅图像。因此下采样系数越大，轮廓点越稀疏，轮廓越不精细，该值不宜设置过大
圆定位敏感度	排除干扰点，值越大，排除噪声干扰的能力越强，但也容易导致圆初定位失败
剔除距离	允许离群点到拟合圆的最大像素距离，值越小，排除点越多
投影宽度	在 ROI 中环形分布若干个边缘点查找 ROI，该值描述扫描边缘点查找 ROI 的区域宽度。在一定范围内增大该值可以获取更加稳定的边缘点
初始拟合	含局部和全局两种类型： • 局部：局部最优即按照局部的特征点拟合圆，如果局部特征更加准确反映圆所在位置，则采用局部最优，否则采用全局最优 • 全局：以查找到的全局特征点进行圆拟合
拟合方式	拟合方式有最小二乘法、Huber 和 Tukey 三种。三种拟合方式只是权重的计算方式有些差异。随着离群点数量增多以及离群距离增大，可逐次使用最小二乘法、Huber、Tukey。

（2）直线查找　直线查找主要用于查找图像中具有某些特征的直线，利用已知特征点形成特征点集，然后拟合成直线，其运行参数说明见表 5-10。

表 5-10　直线查找运行参数说明

参数名称	说　　明
边缘类型	有最强、第一条、最后一条和接近中线四种模式 • 最强表示查找梯度阈值最大的边缘点集合，然后拟合成直线 • 第一条、最后一条表示查找满足条件的第一条、最后一条直线 • 接近中线表示查找最接近区域中线且满足条件的直线
边缘极性	共有黑到白、白到黑和任意三种极性，可参考圆查找
边缘阈值	即梯度阈值，范围为 0～255，只有边缘梯度阈值大于该值的边缘点才被检测到。数值越大，抗噪能力越强，得到的边缘数量越少，甚至导致目标边缘点被筛除
滤波尺寸	对噪点起到过滤作用，数值越大抗噪能力越强，得到的边缘点数量越少，同时也可能导致目标边缘点被筛除
卡尺数量	用于扫描边缘点的 ROI 区域数量
角度归一化	开启后，输出的直线角度为 −90°～90°；未开启时，输出的直线角度为 −180°～180°

（3）边缘交点　边缘交点可以查找两边缘的交点，可以根据需要的交点设置查找方向和极性。当两条边相交时，交点就是查找的目标；当两条边不相交时，交点是它们的延长线交点，其部分参数说明见表 5-11。

表 5-11　边缘交点部分参数说明

参数名称	说　　明
边缘类型	有最强、第一条、最后一条三种选择
边缘极性	有从白到黑、从黑到白、任意三种选择

（4）线圆测量　线圆测量模块返回的是被测物图像中的直线与圆的垂直距离和相交点坐标。需要在被测物图像中找到直线和圆，即需要用到几何查找中的直线查找和圆查找模块，其部分参数说明见表 5-12。

表 5-12　线圆测量部分参数说明

参数名称		说　　明
数据来源		订阅输入方式，需要配合圆查找以及直线查找
订阅输入	按线 / 按圆	输入源选择直线查找和圆查找的结果
	按点	自定义或者绑定直线的起点、终点、角度
	按坐标	自定义或者绑定直线的起点与终点 X/Y 坐标
	按参数	自定义或者绑定圆心的坐标以及半径长度

（5）线线测量　两条直线一般不会绝对平行，所以线线测量距离按照线段四个端点到另一条直线的距离取平均值计算。线线测量分为距离和绝对距离，距离的正反可以表示两条直线的相对位置关系，当第一条直线在第二条直线的左边或者上边时，距离结果为正；当在右边或者下边时，距离结果为负，如图5-28所示。输入方式及输出结果说明见表5-13。

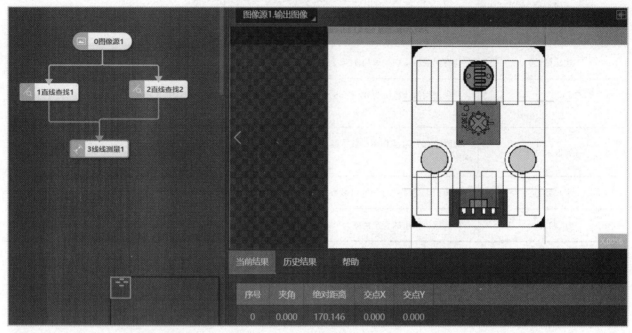

图 5-28　线线测量操作

表 5-13　线线测量部分参数说明

参数名称		说　明
订阅输入	按线	输入源是直线查找的结果
	按点	自定义或者绑定直线的起点、终点、角度
	按坐标	自定义或者绑定直线的起点与终点 X/Y 坐标
测量结果	夹角	两条直线的角度差值
	距离	有两个直线段，共四个端点，四个端点到另一条直线的距离的平均值即为距离
	绝对距离	距离的绝对值
	交点 X	两条直线延长线的交点 X 坐标
	交点 Y	两条直线延长线的交点 Y 坐标

（6）变量计算　变量计算模块支持多个输入混合运算，可以自定义参数也可以选择模块数据进行计算，如视觉调试程序中圆查找的输出结果是半径，通过变量计算可得出圆的直径，如图5-29所示。

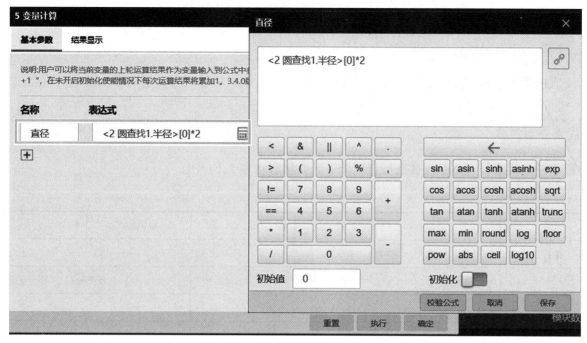

图 5-29　变量计算圆的直径

任务 5.3　机器人单元的调试

学习情境

机器人在整个手机尺寸测量系统中是如何工作的？它的运动过程需要用到哪些点位？又该如何获取这些点位？

学习目标

知识目标

1）了解机器人的运动过程。
2）了解机器人常用的控制指令。
3）能够读懂机器人程序。

技能目标

1）能够控制机器人气缸运动。
2）能够对机器人点位进行示教与调试。

素养目标

1）根据工作岗位职责，完成小组成员的合理分工。
2）团队合作中，各成员能够表达自己的观点。
3）养成安全规范操作的行为习惯。

工作任务

完成机器人设备的连接工作，控制机器人气缸运动，获取机器人运动过程中所需的所有点位。

任务分工

根据任务要求，对小组成员进行合理分工，并填写在表 5-14 中。

表 5-14　任务分工表

班级		组号		指导老师	
组长		学号			
组员及分工	姓名	学号		任务分工	

获取信息

引导问题 1：机器人单元的工作内容是什么？

_____

_____

引导问题 2：机器人程序 Move 指令中的参数 SYNC 的取值范围是什么？各代表什么含义？

_____

_____

工作计划

1）制定工作方案，见表 5-15。

表 5-15　工作方案

步骤	工作内容	负责人

2）列出核心物料清单，见表 5-16。

表 5-16　核心物料清单

序号	名称	型号 / 规格	数量

工作实施

手机尺寸测量
系统机器人程
序调试

1. 机器人单元调试前的准备工作

1）确定计算机已经依据网络规划设置好 IP 地址。

2）确定机器人末端已经安装好工具。

3）确定机器人与交换机之间的网线连接正常。

4）确定机器人程序已经复制到计算机上。

5）确定 DobotSCStudio 软件已安装到计算机上，并与机器人相连接。

2. 认识机器人单元调试所需的点位

机器人单元的运动过程：移动到待检测区工件吸取点位（定为 P1 点位）吸取手机工件→移动到检测台工件放置点位（定为 P2 点位）放置手机工件→移动到 P1 点位正上方→移动到 P2 点位吸取手机工件→移动到检测完成后工件放置点位（定为 P3 点位）放置手机工件→移动到 P3 点位正上方。

机器人单元调试需要用到三个点位，即 P1、P2、P3，如图 5-30 所示。其他几个点位可在这三个点位的基础上获得，三个点位的运动顺序为 P1 → P2 → P3。

a) 待检测区工件吸取点位(P1点位)

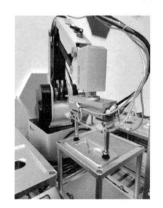

b) 检测台工件放置点位(P2点位)

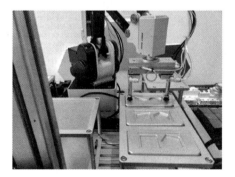

c) 检测完成后工件放置点位(P3点位)

图 5-30　P1、P2、P3 三个点位示意图

3. 调试机器人单元

（1）导入工程文件

步骤1：打开DobotSCStudio软件，选择机器人的IP地址。

步骤2：机器人使能。单击初始界面快捷设置按钮中的"电动机使能" ⑦ 按钮，在"末端负载"对话框中设置负载重量为"200g"，"电动机使能"红色 ⑦ 按钮变为绿色 ⑦ 按钮，机器人上的指示灯由蓝色变为绿色。

步骤3：单击功能模块菜单栏中的"脚本编程"按钮，右击"工作空间"，选择"导入工程"，找到并打开机器人程序，如图5-31和图5-32所示。

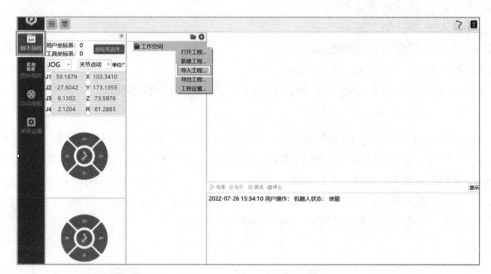

图5-31　导入工程文件

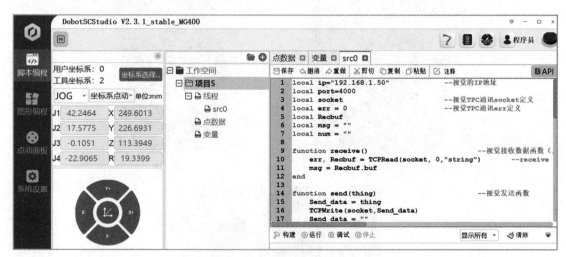

图5-32　打开机器人程序

（2）确定点位信息

步骤1：单击"点数据"标签，可以看到P1、P2、P3三个点位的坐标等信息，如图5-33所示。

	No.	Alias	X	Y	Z	R	Arm	Tool	User
1	P1		218.8365	-196.1776	19.7958	-107.3671	Right	No.0	No.0
2	P2		263.1663	-60.9924	21.2823	-106.4979	Right	No.0	No.0
3	P3		209.6264	172.4756	20.6267	-17.6987	Right	No.0	No.0

工作空间 · 项目5 · 线程 · src0 · 点数据 · 变量

点数据　变量　src0
保存　定位　覆盖　添加　删除　撤消　重做

图 5-33　查看点数据

步骤 2：确定 P1 点位。摆放好工件，在"IO 监控"里控制两个吸盘远离；使用手持示教方法控制机器人末端工具移动到 P1 点位，使吸盘紧贴工件表面，在"IO 监控"里控制两个吸盘吸住工件，如图 5-34 所示。

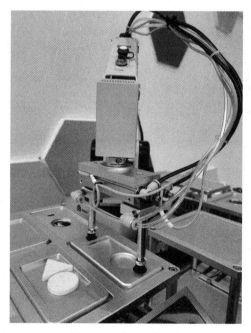

图 5-34　确定 P1 点位

步骤 3：更新 P1 点位。机器人末端工具移动到 P1 点位后，单击"P1"，然后单击"覆盖"按钮即可获取当前 P1 点位新的坐标，如图 5-35 所示。

点数据　变量　src0
保存　定位　覆盖　添加　删除　撤消　重做

	No.	Alias	X	Y	Z	R	Arm	Tool	User
1	P1		218.8365	-196.1776	19.7958	-107.3671	Right	No.0	No.0
2	P2		263.1663	-60.9924	21.2823	-106.4979	Right	No.0	No.0
3	P3		209.6264	172.4756	20.6267	-17.6987	Right	No.0	No.0

图 5-35　更新 P1 点位

步骤 4：P2 和 P3 点位的获取和覆盖方法与 P1 相同，完成三个点位的覆盖后，单击"保存"按钮，如图 5-36 和图 5-37 所示。

点数据 ⊠	变量 ⊠	src0 ⊠						
🖫保存 ◎定位 ⬚覆盖 ＋添加 ✕删除 ⟲撤消 ⟳重做								
No.	Alias	X	Y	Z	R	Arm	Tool	User
1	P1	218.8365	-196.1776	19.7958	-107.3671	Right	No.0	No.0
2	**P2**	263.1663	-60.9924	21.2823	-106.4979	Right	No.0	No.0
3	P3	209.6264	172.4756	20.6267	-17.6987	Right	No.0	No.0

图 5-36　更新 P2 点位并保存数据

点数据 ⊠	变量 ⊠	src0 ⊠						
🖫保存 ◎定位 ⬚覆盖 ＋添加 ✕删除 ⟲撤消 ⟳重做								
No.	Alias	X	Y	Z	R	Arm	Tool	User
1	P1	218.8365	-196.1776	19.7958	-107.3671	Right	No.0	No.0
2	P2	263.1663	-60.9924	21.2823	-106.4979	Right	No.0	No.0
3	**P3**	209.6264	172.4756	20.6267	-17.6987	Right	No.0	No.0

图 5-37　更新 P3 点位并保存数据

评价反馈

各组代表介绍任务实施过程，并完成评价表（见表 5-17）。

表 5-17　评价表

类别	考核内容	分值	评价分数		
			自评	互评	教师
理论	了解机器人的运动过程	5			
	了解机器人常用的控制指令	10			
	能够读懂机器人程序	15			
技能	能够控制机器人气缸运动	20			
	掌握机器人程序调试流程	20			
	能够对机器人点位进行示教与调试	20			
素养	遵守操作规程，养成严谨科学的工作态度	2			
	根据工作岗位职责，完成小组成员的合理分工	2			
	团队合作中，各成员能够准确表达自己的观点	2			
	严格执行 6S 现场管理	2			
	养成总结训练过程和训练结果的习惯，为下次训练积累经验	2			
	总分	100			

相关知识

1. 机器人单元的工作内容

1）将手机从待检测区域吸取到检测区域。

2）视觉测量完成后，将手机从检测区域吸取到放置区域。

2. 机器人单元的点位程序解析

图 5-38 为机器人运动单元的点位主程序解析，方便理解机器人运动控制流程。

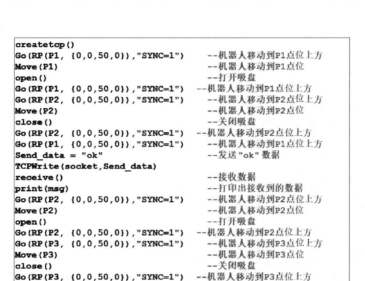

```
createtop()
Go(RP(P1, {0,0,50,0}),"SYNC=1")          --机器人移动到P1点位上方
Move(P1)                                  --机器人移动到P1点位
open()                                    --打开吸盘
Go(RP(P1, {0,0,50,0}),"SYNC=1")          --机器人移动到P1点位上方
Go(RP(P2, {0,0,50,0}),"SYNC=1")          --机器人移动到P2点位上方
Move(P2)                                  --机器人移动到P2点位
close()                                   --关闭吸盘
Go(RP(P2, {0,0,50,0}),"SYNC=1")          --机器人移动到P2点位上方
Go(RP(P1, {0,0,50,0}),"SYNC=1")          --机器人移动到P1点位上方
Send_data = "ok"                          --发送"ok"数据
TCPWrite(socket,Send_data)
receive()                                 --接收数据
print(msg)                                --打印出接收到的数据
Go(RP(P2, {0,0,50,0}),"SYNC=1")          --机器人移动到P2点位上方
Move(P2)                                  --机器人移动到P2点位
open()                                    --打开吸盘
Go(RP(P2, {0,0,50,0}),"SYNC=1")          --机器人移动到P2点位上方
Go(RP(P3, {0,0,50,0}),"SYNC=1")          --机器人移动到P3点位上方
Move(P3)                                  --机器人移动到P3点位
close()                                   --关闭吸盘
Go(RP(P3, {0,0,50,0}),"SYNC=1")          --机器人移动到P3点位上方
TCPDestroy()
```

图 5-38　机器人运动单元的点位主程序解析

3. 机器人控制指令——Move 指令

Move 指令说明见表 5-18。

表 5-18　Move 指令说明

原型	Move（P，"User=1 Tool=2 CP=1 SpeedS=50 AccelS=20 SYNC=1"）
描述	从当前位置以直线方式运动至笛卡儿坐标系下的目标位置
参数	必选参数：P，表示目标点，可从点数据界面获取，也可自定义点位，但只支持笛卡儿坐标点位 可选参数如下 • User：表示用户坐标系，取值范围为 0～9 • Tool：表示工具坐标系，取值范围为 0～9 • CP：运动时设置平滑过渡值，取值范围为 0～100 • SpeedS：运动速度比例，取值范围为 1～100 • AccelS：运动加速度比例，取值范围为 1～100 • SYNC：同步标识，取值为 0 或 1。SYNC = 0 表示异步执行，调用后立即返回，但不关注指令执行情况；SYNC = 1 表示同步执行，调用后，待指令执行完才返回
示例	机器人以默认设置运动至 P1 点位 Move（P1）

任务 5.4　系统联调

学习情境

完成机器视觉单元和机器人单元的调试后，应该如何进行整个手机尺寸测量系统的调试？需要调试哪些参数？

学习目标

知识目标

1）了解系统联调的工作流程。

2）读懂系统联调后的完整的机器人程序。

技能目标

1）能够完成手机尺寸测量系统的通信设置与调试。

2）能够完成机器人尺寸测量系统的联调工作。

素养目标

1）根据工作岗位职责，完成小组成员的合理分工。

2）团队合作中，各成员能够表达自己的观点。

3）养成安全规范操作的行为习惯。

工作任务

连接系统设备，完成系统联调的通信管理参数设置，完成整个手机尺寸测量系统的联调工作。

任务分工

根据任务要求，对小组成员进行合理分工，并填写在表 5-19 中。

表 5-19　任务分工表

班级		组号		指导老师	
组长		学号			
组员及分工	姓名		学号		任务分工

获取信息

引导问题：手机尺寸测量系统联调的工作流程是什么？

_____

_____

工作计划

1）制定工作方案，见表 5-20。

表 5-20   工作方案

步骤	工作内容	负责人

2）列出核心物料清单，见表 5-21。

表 5-21   核心物料清单

序号	名称	型号 / 规格	数量

工作实施

手机尺寸测量
系统联调

1. 系统联调的准备工作

1）系统启动。

2）连接硬件。

3）下载 PLC 程序。

4）打开机器人和机器视觉软件及对应的工程文件。

2. 建立机器人单元与视觉单元间的通信

（1）修改机器人程序中的视觉 IP 地址

步骤 1：将计算机 IP 地址修改为"192.168.1.50"。

步骤 2：在 DobotSCStudio 软件的机器人程序界面，把程序第一行的 IP 地址设置为与计算机相同的 IP 地址，如图 5-39 所示。

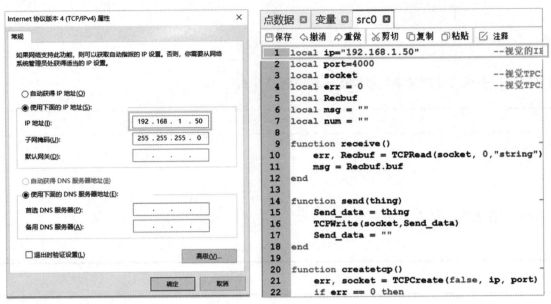

图 5-39 设置 IP 地址

（2）进行视觉方案中的 TCP 通信设置

步骤 1：打开 DobotVisionStudio 软件的"手机测量"方案界面。

步骤 2：单击快捷工具栏中的"通信管理"按钮，如图 5-40 所示，弹出"通信管理"对话框。

图 5-40 通信管理工具

步骤 3：单击设备列表中"1 TCP 服务端"右侧的按钮，然后单击信息提示中的"确定"按钮，如图 5-41 所示。

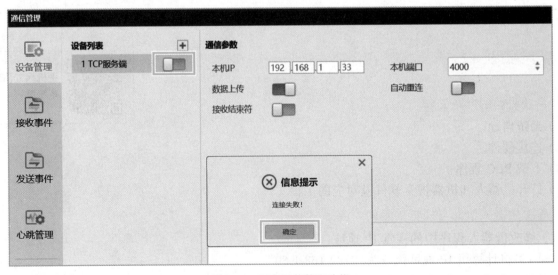

图 5-41 开启通信管理功能

步骤 4：修改通信参数中的本机 IP，把 IP 地址设置为当前计算机的 IP 地址，即也与机器人程序中第一行代码的 IP 地址一致，如图 5-42 所示。

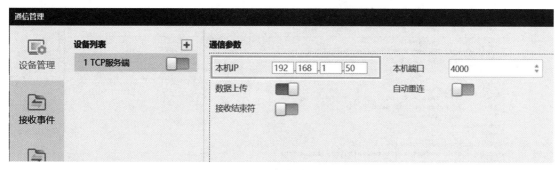

图 5-42　设置通信参数 IP 地址

步骤 5：再次单击设备列表中"1 TCP 服务端"右侧的按钮，完成 DobotVisionStudio 软件的通信管理设置，如图 5-43 所示。

图 5-43　完成通信管理设置

步骤 6：在快捷工具栏中，单击"全局触发"按钮，在"字符串触发"选项卡中设置匹配模式和触发配置的内容，如图 5-44 所示。

图 5-44　全局触发参数设置

（3）确认机器人单元和视觉单元间的通信连接　在 DobotSCStudio 软件中单击快捷设置按钮中"运行"按钮，运行机器人程序，如果 TCP 通信成功建立，会在调试结果显示区域看到"TCP_Vision Connection succeeded"的提示，说明 TCP 通信建立成功，如图 5-45 所示。

图 5-45　验证 TCP 通信是否成功建立

（4）单元间的通信过程

1）机器人单元向视觉单元发送信息。当机器人末端执行器把手机放置于视觉检测台，再移动到 P1 点位上方后，机器人单元会通过建立好的 TCP 通信向视觉单元发送一个"ok"数据，如图 5-46 所示。

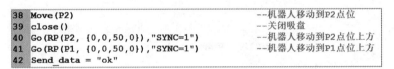

图 5-46　机器人单元发送数据

2）视觉单元接收到机器人单元发来的信息。机器人单元发出的数据传递到视觉单元中，可以在 DobotVisionStudio 软件通信管理的接收数据框中看到接收到的"ok"数据，此时说明手机已经放置于视觉检测台上，视觉单元开始进行手机尺寸的测量，如图 5-47 所示。

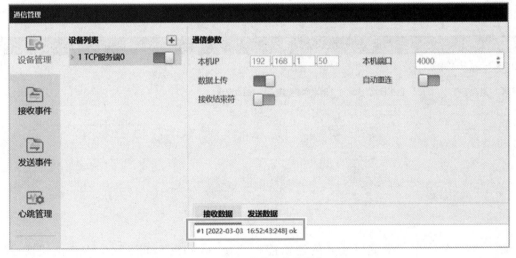

图 5-47　视觉单元接收数据

3）视觉单元向机器人单元发送信息。当视觉单元完成测量后，使用发送数据模块向机器人单元发送一个信息，双击发送数据模块可以设置向机器人单元发送的数据，如图 5-48 所示。

图 5-48　视觉单元发送数据

4）机器人单元接收视觉单元发来的信息。视觉单元发出的数据会传递到机器人单元中，可在 DobotSCStudio 软件的调试结果显示区域看到机器人单元接收到的"end"数据，收到视觉单元完成手机尺寸测量的信息后，机器人把手机吸取到检测完成区放置，如图 5-49 所示。

3. 运行机器人程序

建立好单元间的通信后，在 DobotSCStudio 软件快捷设置按钮中单击"运行"按钮，观察整个系统的运行情况。

机器人末端执行器从工件待检测区吸取手机工件并放置到视觉检测台上，机器视觉对手机工件进行尺寸测量，通过 DobotVisionStudio 软件可以查看所有目标测量结果，得到手机尺寸测量结果后，机器人末端执行器吸取手机工件放置到检测完成后工件放置位置。

图 5-49　机器人单元接收数据

评价反馈

各组代表介绍任务实施过程，并完成评价表（见表5-22）。

表5-22 评价表

类别	考核内容	分值	评价分数		
			自评	互评	教师
理论	了解系统联调的工作流程	15			
	能够读懂系统联调后的完整的机器人程序	15			
技能	能够完成手机尺寸测量系统的通信设置与调试	30			
	能够完成机器人手机尺寸测量系统的联调工作	30			
素养	遵守操作规程，养成严谨科学的工作态度	2			
	根据工作岗位职责，完成小组成员的合理分工	2			
	团队合作中，各成员能够准确表达自己的观点	2			
	严格执行6S现场管理	2			
	养成总结训练过程和训练结果的习惯，为下次训练积累经验	2			
总分		100			

相关知识

1. 系统联调的工作流程

系统联调是在已经分别调试完机器人单元和机器视觉单元后进行的工作，其工作流程为：连接硬件→下载PLC程序→在DobotSCStudio软件上修改视觉IP地址→在DobotVisionStudio软件上设置通信管理参数→运行手机尺寸测量系统机器人程序→观察系统运行情况。

2. 机器人完整程序模块介绍

（1）src0程序

1）定义本地变量程序，如图5-50所示。

```
local ip="192.168.1.50"          --视觉的IP地址
local port=4000
local socket                     --视觉TPC通信socket定义
local err = 0                    --视觉TPC通信err定义
local Recbuf
local msg = ""
local num = ""
```

图5-50 定义本地变量程序

2）接收视觉数据函数程序，如图5-51所示。

```
function receive()                      --接收视觉数据函数（点位信息）
    err, Recbuf = TCPRead(socket, 0,"string")--receive message
    msg = Recbuf.buf
end
```

图5-51 接收视觉数据函数程序

3）发送数据给视觉函数程序，如图5-52所示。

```
function send(thing)                    --发送数据给视觉函数
    Send_data = thing
    TCPWrite(socket,Send_data)
    Send_data = ""
end
```

图 5-52　发送数据给视觉函数程序

4）建立 TCP 程序，如图 5-53 所示。

```
function createtcp()                           --建立TCP通信
    err, socket = TCPCreate(false, ip, port)
    if err == 0 then
        err = TCPStart(socket, 0)
        if err == 0 then
            print("TCP_Vision Connection succeeded")
        else
            print("TCP_Vision Connection failed")
        end
    end
end
```

图 5-53　建立 TCP 通信程序

5）系统主程序。见任务 5.3 中图 5-38。

（2）全局变量函数程序　全局变量函数程序如图 5-54 所示。

```
function open()      --创建开启功能
    DO(9,ON)         --数字端口9设置为高电平
    DO(10,ON)        --数字端口10设置为高电平
    Wait(500)        --延时500ms
end

function close()     --创建关闭功能
    DO(9,OFF)        --数字端口9设置为低电平
    DO(10,OFF)       --数字端口10设置为低电平
    Wait(500)        --延时500ms
end
```

图 5-54　全局变量函数程序

项目总结

本项目介绍了手机尺寸测量系统的相关知识，包括认识手机尺寸测量系统、视觉单元调试、机器人单元调试和系统联调。通过对本项目的学习，可以掌握视觉尺寸测量的调试方法和机器人的运动控制方法。

拓展阅读

机器视觉在制造业中的应用

机器视觉应用在制造业中，推动了制造业的发展，提高了制造业的工作效率，使我国的制造业生产过程更加智能化和自动化。

机器视觉在制造业中的典型应用有以下几种：

（1）机器视觉在上下料中的应用　机器视觉在上下料中的应用主要是将机器视觉技术引入到自动化生产系统中，进行散乱零件来料的识别与定位。获取散乱零件定位的位置信息后，机器人对零件进行抓取。如 CNC 加工中心上下料机器人，机器人与机器视觉相配合，使得机器人能够精准抓取物料并放置到 CNC 加工中心。

（2）机器视觉在焊接中的应用　从先进制造技术的发展要求看，焊接自动化和智能化的研究和应用已经成为现代化工业生产中迫切需要解决的问题。将机器视觉技术应用于自动化焊接系统中，可以实现焊接的自动化和智能化。机器视觉在焊接中的应用主要有焊缝识别、焊前引导及焊缝跟踪，焊接过程中焊缝熔池状态实时检测，焊后焊缝缺陷检测等。

（3）机器视觉在测量检测中的应用　机器视觉以其高精度、高效率、非接触性和实时测量的优点，在尺寸测量领域的应用越来越广泛。机器视觉测量检测是通过相机采集需要测量工件的图像，然后使用计算机技术精细检查工件的外观，如汽车零件尺寸的精密测量。

（4）机器视觉在质量检测中的应用　机器视觉检测方法可以很大程度上克服人工检测方法的抽检率低、准确性不高、实时性差、效率低和劳动强度大等弊端，在制造业中得到越来越广泛的应用。如产品的外观缺陷检测，包括装配缺陷（漏装、混料、错配等）、表面印刷缺陷（多印、漏印、重印等）以及表面形状缺陷（崩边、凸起、凹坑、划伤和裂纹等）。

除此之外，机器视觉在自动堆垛和卸垛、传送带追踪、组件装配及引导点胶等方面也得到了广泛的应用。

项目 6

电子芯片引脚缺陷检测系统的调试

06

项目引入

在生产制造过程中，质量检测的一个必不可少的环节是外观缺陷的检测。随着科技的发展和视觉技术的进步，基于机器视觉的缺陷检测系统被广泛应用。

例如，在电子芯片制造过程中，有可能会出现不合格的电子芯片。其中，引脚合格的电子芯片的特征是引脚数量是 12 个，且各引脚等距离排列整齐。而常见的引脚缺陷特征是缺少引脚或者引脚变形。合格和不合格的电子芯片引脚特征如图 6-1 所示。

缺少引脚　　　　　　　引脚变形

a) 引脚合格　　　　　　　b) 引脚不合格

图 6-1　待检电子芯片

机器视觉缺陷检测的目的就是把有引脚缺陷的芯片找出来。本项目以混有不合格引脚的 6 个电子芯片为例，通过调试电子芯片引脚缺陷检测系统，检测待检电子芯片的引脚合格与否，并分类放置这些电子芯片。

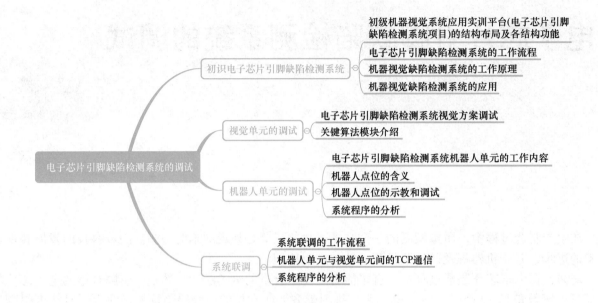

任务 6.1   初识电子芯片引脚缺陷检测系统

学习情境

什么是电子芯片引脚缺陷检测系统？它是如何工作的呢？

学习目标

知识目标

1）了解视觉缺陷检测系统的工作原理。
2）了解视觉缺陷检测系统的应用。

技能目标

1）能够认识初级机器视觉系统应用实训平台（电子芯片引脚缺陷检测项目）的结构布局。
2）能够描述初级机器视觉系统应用实训平台（电子芯片引脚缺陷检测项目）各结构的功能。
3）能够描述初级机器视觉系统应用实训平台（电子芯片引脚缺陷检测项目）的工作流程。

素养目标

1）根据工作岗位职责，完成小组成员的合理分工。
2）团队合作中，各成员能够表达自己的观点。
3）养成安全规范操作的行为习惯。

工作任务

认识初级机器视觉系统应用实训平台（电子芯片引脚缺陷检测项目）的结构布局，描述各结构的功能；观看初级机器视觉系统应用实训平台（电子芯片引脚缺陷检测项目）的工作过程演示，描述其工作流程。

任务分工

根据任务要求，对小组成员进行合理分工，并填写在表 6-1 中。

表 6-1　任务分工表

班级		组号		指导老师	
组长		学号			
组员及分工	姓名	学号		任务分工	

获取信息

引导问题 1：描述机器视觉缺陷检测系统的工作原理。

_____

_____

引导问题 2：机器视觉缺陷检测系统一般应用在哪些方面？

_____

_____

工作计划

1）制定工作方案，见表 6-2。

表 6-2　工作方案

步骤	工作内容	负责人

2）列出核心物料清单，见表 6-3。

表 6-3　核心物料清单

序号	名称	型号 / 规格	数量

 工作实施

1. 认识初级机器视觉系统应用实训平台（电子芯片引脚缺陷检测项目）的结构布局及各结构功能

步骤 1：认识实训平台的结构布局。

初级机器视觉系统应用实训平台（电子芯片引脚缺陷检测项目）用于检测电子芯片引脚是否有缺陷，并对检测结果做进一步处理，由视觉单元、机器人单元、PLC 单元等硬件组成，其结构布局如图 6-2 所示。

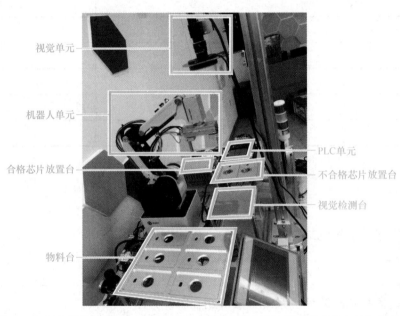

图 6-2　初级机器视觉系统应用实训平台（电子芯片引脚缺陷检测项目）的结构布局

步骤 2：描述各结构的功能。

1）视觉单元：包括相机、镜头、光源和算法软件，主要用于检测电子芯片是否合格。

2）机器人单元：由机器人执行相应的操作命令，主要是不同单元间物品的搬运。

3）合格芯片放置台：主要用于放置检测后的合格电子芯片。

4）物料台：主要用于放置待检测的电子芯片。

5）PLC 单元：控制电磁阀的通断。

6）不合格芯片放置台：主要用于放置检测后的不合格电子芯片。

7）视觉检测台：位于视觉单元的正下方，主要用于放置进行视觉检测的电子芯片。

2. 描述初级机器视觉系统应用实训平台（电子芯片引脚缺陷检测项目）的工作流程

步骤 1：观看初级机器视觉系统应用实训平台（电子芯片引脚缺陷检测项目）的工作过程演示。

步骤 2：描述初级机器视觉系统应用实训平台（电子芯片引脚缺陷检测项目）的工作流程。

初级机器视觉系统应用实训平台（电子芯片引脚缺陷检测项目）的工作流程为：系统启动，机器人将电子芯片从物料台吸取到视觉检测台，视觉检测系统对电子芯片的引脚进行检测，并把检测结果发送给机器人，机器人根据检测结果，把电子芯片放置到对应放置台。当第一个电子芯片放置完成后，系统继续以相同的操作进行第二个电子芯片引脚的缺陷检测，直至所有电子芯片引脚的检测完成，如图6-3所示。

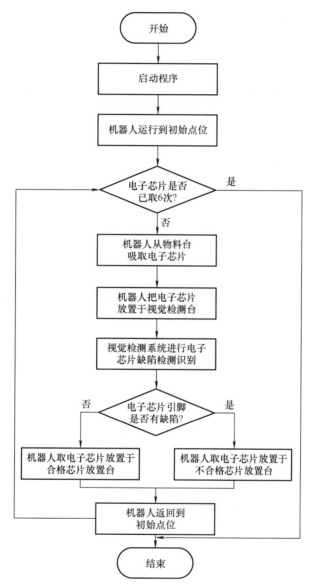

图6-3 初级机器视觉系统应用实训平台（电子芯片引脚缺陷检测项目）的工作流程

评价反馈

各组代表介绍任务实施过程，并完成评价表（见表6-4）。

表 6-4　评价表

类别	考核内容	分值	评价分数		
			自评	互评	教师
理论	了解机器视觉缺陷检测系统的工作原理	15			
	了解机器视觉缺陷检测系统的应用	15			
技能	能够认识初级机器视觉系统应用实训平台（电子芯片引脚缺陷检测项目）的结构布局	10			
	能够描述初级机器视觉系统应用实训平台（电子芯片引脚缺陷检测项目）各结构的功能	20			
	能够描述初级机器视觉系统应用实训平台（电子芯片引脚缺陷检测项目）的工作流程	30			
素养	遵守操作规程，养成严谨科学的工作态度	2			
	根据工作岗位职责，完成小组成员的合理分工	2			
	团队合作中，各成员能够准确表达自己的观点	2			
	严格执行 6S 现场管理	2			
	养成总结训练过程和训练结果的习惯，为下次训练积累经验	2			
总分		100			

相关知识

机器视觉缺陷检测系统的工作原理和应用

1. 机器视觉缺陷检测系统的工作原理

机器视觉缺陷检测系统是通过适当的光源和图像传感器（CCD 相机）获取产品的表面图像，利用相应的图像处理算法提取图像的特征信息，然后根据特征信息进行缺陷的定位、识别、统计、存储和查询等操作。

2. 机器视觉缺陷检测系统的应用

在工业检测中，表面质量检测系统占据极其重要的地位，而基于机器视觉的表面缺陷检测系统已经在许多行业中开始应用，涉及新能源、泛半导体、纺织、食品、医药等众多行业。

在这些行业中，机器视觉缺陷检测系统被广泛用于多种零部件的表面尺寸、外观缺陷、封装外观缺陷、包装印刷质量缺陷、字符和条码缺陷识别等检测中，大大提高了企业的生产效率和生产的自动化程度。

任务6.2　视觉单元的调试

学习情境

初步了解电子芯片引脚缺陷检测系统后，接下来就要进行系统调试。首先进行视觉单元的调试。

学习目标

知识目标

1）了解电子芯片引脚缺陷检测系统的机器视觉方案。
2）了解机器视觉程序各模块的功用。
3）了解 BLOB 分析参数的含义。

技能目标

1）能够根据现场环境调试出清晰的图像。
2）能够根据需要重新创建特征模板。
3）能够检测出电子芯片引脚是否有缺陷。

素养目标

1）根据工作岗位职责，完成小组成员的合理分工。
2）团队合作中，各成员能够表达自己的观点。
3）养成安全规范操作的行为习惯。

工作任务

测试机器视觉方案程序，机器视觉方案是对电子芯片的引脚进行缺陷检测，检测合格时，结果显示为"OK"；检测不合格时，结果显示为"NG"。

任务分工

根据任务要求，对小组成员进行合理分工，并填写在表 6-5 中。

表 6-5　任务分工表

班级		组号		指导老师	
组长		学号			
组员及分工	姓名		学号		任务分工

获取信息

引导问题 1：视觉程序中的位置修正模块的作用是什么？

_____

_____

引导问题 2：视觉程序中图像二值化的作用是什么？

_____

_____

引导问题 3：BLOB 分析工具可以提供图像的什么信息？

_____

_____

引导问题 4：条件检测模块的作用是什么？

_____

_____

_____

工作计划

1）制定工作方案，见表 6-6。

表 6-6　工作方案

步骤	工作内容	负责人

2）列出核心物料清单，见表 6-7。

表 6-7　核心物料清单

序号	名称	型号 / 规格	数量

工作实施

芯片缺陷检测
视觉程序调试

在视觉单元调试之前，需要将视觉程序复制到安装有电子芯片引脚缺陷检测系统的计算机里，并确保 UK 插在计算机上。

1. 调试 0 图像源模块

步骤 1：打开 DobotVisionStudio 软件，打开电子芯片引脚缺陷检测系统视觉文件。电子芯片引脚缺陷检测视觉方案如图 6-4 所示。

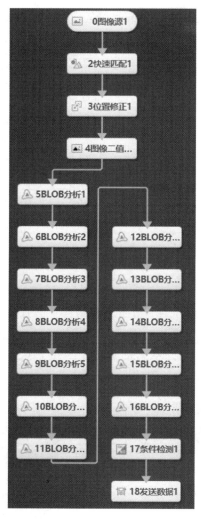

图 6-4 电子芯片引脚缺陷检测视觉方案

步骤2：设置0图像源模块参数。双击 "0图像源1"，对0图像源的参数进行设置，包括设置关联相机、相机管理的选择相机和触发源等参数，如图6-5、图6-6所示。接着单击快捷工具栏中的 "连续执行" 按钮，在连续执行的情况下，进入关联相机的 "相机管理" 对话框，调整相机的曝光时间，并根据实际情况调整镜头光圈大小、对焦环位置、光源的亮度，最终采集到清晰的图像。

图 6-5 0图像源基本参数设置

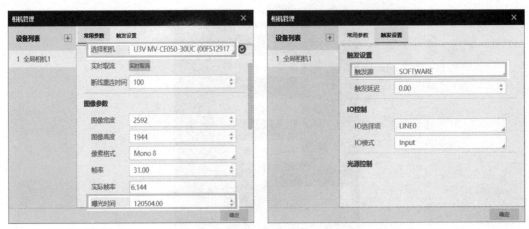

图 6-6 "相机管理"参数设置

2. 调试 2 快速匹配模块

单击"2 快速匹配 1"，单击快捷工具栏中的 ▶ 图标，在图像显示区域查看"2 快速匹配 1"能否准确识别到电子芯片，如果不能则需要重新对"2 快速匹配 1"进行参数设置，设置步骤如下。

步骤 1：双击"2 快速匹配 1"，进行参数配置。在"基本参数"选项卡中设置 ROI 区域，选中检测区域。ROI 区域的创建如图 6-7 所示。

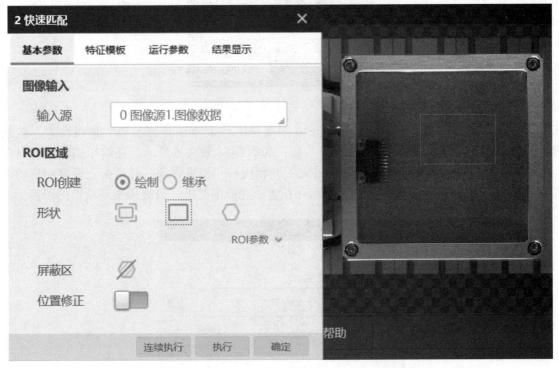

图 6-7　ROI 区域的创建

步骤 2：在"特征模板"选项卡中，先删除以前的模板，再单击"创建"按钮，进入"模板配置"界面，如图 6-8 所示。

图 6-8　"特征模板"选项卡

步骤 3：在"模板配置"界面，先选择创建矩形掩膜工具，再选择建模区域，同时根据情况进行模板参数配置，一般情况下选择默认参数即可，最后单击"生成模型"图标，如图 6-9 所示，单击"确定"按钮返回到"特征模板"界面。

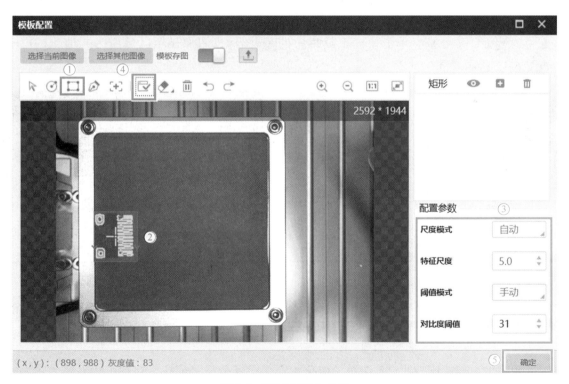

图 6-9　"模板配置"界面

步骤 4：在"特征模板"界面，可看到创建的模板，单击"执行"按钮，在图像显示区域会显示所选模板图像，如图 6-10 所示。

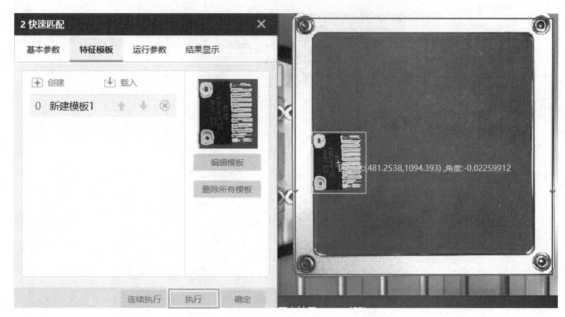

图 6-10　生成特征模板

3.调试 3 位置修正模块

单击"3 位置修正 1"，单击快捷工具栏中的 ▶ 图标，图像显示区域如图 6-11 所示。红色点为运行点，绿色点为基准点。

4.调试"4 图像二值化"模块

单击"4 图像二值化 1"，单击快捷工具栏中的 ▶ 图标，图像显示区域应为二值化的电子芯片图像，如图 6-12 所示。

图 6-11　位置修正图像显示区域

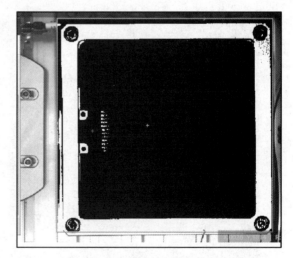

图 6-12　二值化的电子芯片图像

若显示的图像不对，则双击"4 图像二值化 1"，在"4 图像二值化"对话框中对基本参数和运行参数进行设置。"基本参数"选项卡设置如图 6-13 所示，"运行参数"选项卡设置如图 6-14 所示。其中，运行参数的高 / 低阈值要根据实际的环境情况进行设置。

图 6-13　4 图像二值化基本参数设置

图 6-14　4 图像二值化运行参数设置

5. 调试 BLOB 分析模块

（1）调试 5 BLOB 分析模块　单击"5 BLOB 分析 1"和快捷工具栏中的 ▶ 图标，查看 BLOB 分析的结果是否正确，如图 6-15 所示。

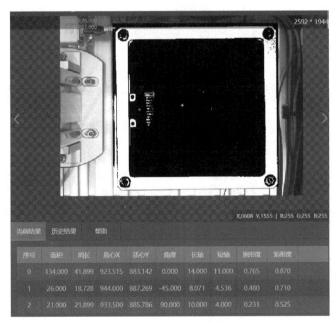

图 6-15　第一个引脚的 BLOB 分析结果

若结果不正确，则双击"5 BLOB 分析 1"，重新进行参数设置。

步骤 1：在"基本参数"选项卡中，进行 ROI 区域的创建。如图 6-16 所示，ROI 创建选择"绘制"，形状设置为矩形，在图像中绘制出第一个引脚的矩形区域。

注意：确认位置修正的参数是否一致。

步骤 2：在"运行参数"选项卡中，阈值方式选择"不进行二值化"，极性设置为"亮于背景"，面积使能的数据根据情况设置，最后单击"执行"和"确定"按钮，如图 6-17 所示。

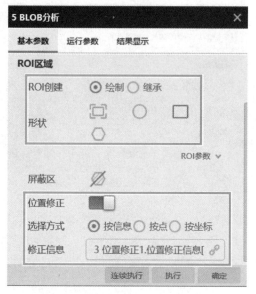

图 6-16　5BLOB 分析的基本参数设置

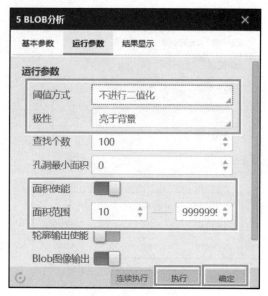

图 6-17　5BLOB 分析的运行参数设置

（2）调试其余引脚 BLOB 分析模块　用相同的操作，调试剩余引脚的 BLOB 分析模块的参数。

6. 调试 17 条件检测模块

单击"17 条件检测 1"和快捷工具栏中的 ▶ 图标，在图像显示区域显示"OK"，则说明电子芯片引脚无缺陷，如图 6-18 所示；若显示"NG"，则说明电子芯片引脚有缺陷，如图 6-19 所示。

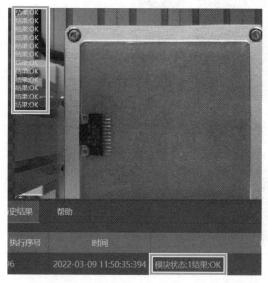

图 6-18　结果显示"OK"

图 6-19　结果显示"NG"

注意：条件检测只需设置基本参数中的判断方式和条件参数即可，如图 6-20 所示。由于是对电子芯片引脚有无缺陷进行检测，所以判断方式选择"全部"，即要求所有引脚都必须合格。条件为全部 BLOB 分析中的数值都在有效值范围内。

图 6-20　17 条件检测的基本参数设置

评价反馈

各组代表介绍任务实施过程，并完成评价表（见表 6-8）。

表 6-8　评价表

类别	考核内容	分值	评价分数		
			自评	互评	教师
理论	了解电子芯片引脚缺陷检测系统的机器视觉方案	10			
	了解方案中各模块的功用	10			
	了解位置修正和图像二值化的相关内容	10			
	了解 BLOB 分析各参数的含义	10			
技能	能够采集到清晰图像	10			
	能够用特征匹配、位置修正和图像二值化对图像进行处理	25			
	能够检测和判别出合格或不合格电子芯片	15			
素养	遵守操作规程，养成严谨科学的工作态度	2			
	根据工作岗位职责，完成小组成员的合理分工	2			
	团队合作中，各成员能够准确表达自己的观点	2			
	严格执行 6S 现场管理	2			
	养成总结训练过程和训练结果的习惯，为下次训练积累经验	2			
总分		100			

相关知识

1. 电子芯片引脚缺陷检测视觉方案

电子芯片引脚缺陷检测视觉方案如图 6-4 所示，其功能是采集信息并检测电子芯片引脚有无缺陷，并根据检测的结果进行判断，把判断结果显示在图像显示区域或通过 TCP 通信发送给机器人。其中，发送数据模块涉及 TCP 通信，将在系统联调时详细介绍。

电子芯片引脚缺陷检测视觉方案中各模块的功能如下：

1）图像源：用于采集图像。

2）快速匹配：用于建立检测对象的模板，方便快速识别和定位。

3）位置修正：用于辅助定位、修正目标运动偏移和辅助精准定位。

4）图像二值化：对输入图像进行阈值化处理，使图像上点的灰度值变为 0 或 255，也就是使整个图像呈现出明显的黑白效果。二值化的操作使图像变得简单，有利于进一步处理图像。

5）BLOB 分析：在像素是有限灰度级的图像区域中检测、定位或分析目标物体的过程。

6）条件检测：判断检测数据是否满足条件，若满足，图像显示区域显示"OK"；否则，显示"NG"。

7）发送数据：可将流程中的数据发送到数据队列、通信设备或全局变量中。

2. 位置修正模块

位置修正可以根据模板匹配结果中的匹配点和角度建立位置偏移的基准，然后再根据特征匹配结果中的运行点和基准点的相对位置偏移，实现 ROI 检测框的坐标旋转偏移，也就是让 ROI 区域能够跟上图像角度和像素的变化。

位置修正有两种方式，分别是按点修正与按坐标修正。按点修正指点的位置已经确定；按坐标修正则是用 X、Y 轴来确定点的位置。需要注意的是，不论是点还是坐标，它的位置信息都是从上一个模块传递过来的，其作用是确定像素和角度的偏移，如图 6-21 所示。

图 6-21　2 位置修正的基本参数设置

3. 图像二值化模块

图像二值化是将 256 个亮度等级的灰度图像通过适当的阈值选取，从而获得仍然可以反映图像整体和局部特征的二值化图像。图像二值化参数的设置可根据情况进行适当调整，一般情况下默认即可，运行参数说明见表 6-9。

表6-9 图像二值化运行参数说明

二值化类型	说 明
硬阈值二值化	低、高阈值的像素值 • 低阈值小于高阈值时，灰度值在高、低阈值范围内的像素值为非零值 • 低阈值大于高阈值时，灰度值在高、低阈值范围外的像素值为非零值
均值二值化	• 滤波核宽度：均值滤波核宽度 • 滤波核高度：均值滤波核高度 • 比较类型：包括大于或等于、小于或等于、等于以及不等于四种比较类型 • 阈值偏移量：均值二值化/高斯二值化时，在滤波结果图像基础上再进行阈值偏移大小补偿，生成阈值图像
高斯二值化	• 高斯滤波核：滤波核的大小，增大滤波核大小使得高斯滤波后的画面更加平滑 • 高斯标准差：表示高斯滤波的程度

4. BLOB 分析模块

BLOB 分析工具可以提供图像中目标物体的某些特征，如存在性、数量、位置、形状、方向以及 BLOB 间的拓扑关系等。

BLOB 分析运行参数的设置可根据情况进行适当调整，一般情况下默认即可，运行参数说明见表 6-10。

表 6-10 BLOB 分析运行参数说明

参数名称	说 明
阈值方式	当输入图像为二值图时，可选不进行二值化。其他情况可选单阈值、双阈值、自动阈值、软阈值（固定）和软阈值（相对）二值化等五种方式 • 单阈值：暗于背景，[0，低阈值 –1] 灰度值的 BLOB 目标被检测出；亮于背景，[低阈值，255] 灰度值的 BLOB 目标被检测出 • 双阈值：当高阈值高于低阈值时，目标灰度范围为 [低阈值，高阈值]。当低阈值设置高于高阈值时，目标灰度范围为 [0，高阈值] 和 [低阈值，255] • 自动阈值：根据图像自动配置阈值 • 单阈值、双阈值或自动阈值：低阈值时，可配置阈值下限；高阈值时，可配置阈值上限 • 软阈值（固定）：亮于背景时，高、低阈值之间被分为柔和度设置的份数作为过渡区，[低阈值，254] 之间的区域置 1；暗于背景时，[0，低阈值] 之间的区域置 1
查找个数	设置查找 BLOB 图形的个数
孔洞最小面积	BLOB 区域内允许的最小非 BLOB 区域面积，不大于该值，则将孔洞填充为 BLOB
轮廓输出使能	开启后模块显示 BLOB 轮廓
BLOB 图像输出	关闭后不输出 BLOB 分析后图像
使能	当前特征使能若开启，则该特征用于 BLOB 筛选；若关闭，则该特征不会用于 BLOB 筛选 • 面积：目标图形的面积 • 周长：目标图形的周长 • 长短轴：最小面积外接矩形的长和宽，长轴值大于短轴 • 圆形度、矩形度：与圆或者矩形的相似程度 • 质心偏移：BLOB 质心与 BLOB 最小面积外接矩形中心的绝对像素偏移 • 轴比：box 短轴和 box 长轴 • 排序特征：有面积、周长、圆形度、矩形度、连通域中心 x、连通域中心 y、box 角度、box 宽、box 高、矩形左上顶点 x、矩形左上顶点 y、二阶中心距主轴角度、轴比等 • 排序方式：有升序、降序和不排序三种方式，配合排序特征使用

（续）

参数名称	说　明
连通性	第一种定义是两个像素有共同的边缘，即一个像素在另一个像素的上方、下方、左侧或右侧，称为 4 连通；第二种定义是第一种定义的扩展，将对角线上的相邻像素也包括进来，称为 8 连通。通常 8 连通能比 4 连通获得更多的目标区域。两种连通关系如图 6-22 所示 当前像素 4连通　　　8连通 图 6-22　连通性
最小重叠率	筛选 BLOB，过滤掉部分与 ROI 相交的 BLOB 　　具体过滤方式：若设置最小重叠率为 50，且处于 ROI 内部的 BLOB 面积小于其总体面积的 50%，则在结果中将其过滤，过滤掉的 BLOB 在结果中将不会显示；如果与 ROI 有粘贴，即不视为目标图形的话，则可将此参数设置为 100

任务 6.3　机器人单元的调试

学习情境

　　在电子芯片引脚缺陷检测系统中，电子芯片的移动是需要机器人单元来完成的，那么该如何控制机器人单元执行移动电子芯片的指令呢？这就需要熟悉机器人单元，接下来介绍机器人单元的调试。

学习目标

知识目标

1）了解机器人单元的工作内容。

2）能够读懂各程序模块的含义。

技能目标

1）能够控制机器人气缸运动。

2）能够对机器人的点位进行示教和调试。

素养目标

1）根据工作岗位职责，完成小组成员的合理分工。

2）团队合作中，各成员能够表达自己的观点。

3）养成安全规范操作的行为习惯。

工作任务

读懂机器人程序，了解各程序模块的功能，调试机器人点位数据。

任务分工

根据任务要求，对小组成员进行合理分工，并填写在表 6-11 中。

表 6-11 任务分工表

班级		组号		指导老师	
组长		学号			
组员及分工	姓名	学号		任务分工	

获取信息

引导问题 1：机器人在电子芯片引脚缺陷检测系统中的工作有哪些？

_____

_____

引导问题 2：如图 6-23 所示，机器人程序中定义的 POS 点位包含着什么信息？

```
local Pos = {coordinate = {114.9943+a*137, -334.6894+b*76 ,7, 105.3991}} --定义搬运点位
```

图 6-23 POS 点位定义

_____

_____

工作计划

1）制定工作方案，见表 6-12。

表 6-12 工作方案

步骤	工作内容	负责人

2）列出核心物料清单，见表 6-13。

表 6-13　核心物料清单

序号	名称	型号 / 规格	数量

芯片缺陷检测机器人程序调试（上）

芯片缺陷检测机器人程序调试（下）

工作实施

1. 机器人单元调试前的准备工作

1）确定计算机已经依据网络规划设置好了与机器人相同网段的 IP 地址。

2）确定机器人末端已经安装好工具。

3）确定机器人与交换机之间的网线连接正常。

4）确定机器人程序已经复制到计算机上。

5）确定 DobotSCStudio 软件已安装到计算机上，并与机器人相连接。

2. 认识机器人单元调试所需的点位

机器人单元的工作流程为：吸取待检测电子芯片→放置到视觉检测台→吸取检测后的电子芯片→放置到对应放置台。

双击工程结构文件中的"点数据"，或者单击右侧"点数据"选项卡，可以看到 P1 ～ P8 八个点位的坐标等信息，如图 6-24 所示。

No.	Alias	X	Y	Z	R	Arm	Tool	User
1	P1	HOME	309.3983	7.9067	109.7106	-29.2150	Right	No.0	No.0
2	P2	guodudian1	237.7844	-196.5481	79.6416	-46.6737	Right	No.0	No.0
3	P3	jiancedian	294.1561	-0.6598	27.8026	-30.6735	Right	No.0	No.0
4	P4	jianceshan...	294.1562	-0.6598	57.1301	-30.6735	Right	No.0	No.0
5	P5	guodudian2	294.1425	178.2003	57.1355	-27.2298	Right	No.0	No.0
6	P6	quliaodian	74.3226	-354.4015	29.7348	-117.9305	Right	No.0	No.0
7	P7	quexiandian	204.5674	271.0362	28.7036	-25.2296	Right	No.0	No.0
8	P8	wuquexian...	-59.1980	304.6225	29.0378	-25.2297	Right	No.0	No.0

图 6-24　点数据信息

需调试的八个点位含义见表 6-14。

表 6-14　点位含义

点位	别名	含义
P1	HOME	开始和结束时的点位
P2	过渡点 1	从开始到取料点间的过渡点位、放好物料在旁等待视觉检测的点位
P3	检测点	视觉检测物料的点位
P4	检测上方点	到达和离开视觉检测点位时的过渡点
P5	过渡点 2	检测完从视觉检测点上方离开到放置点的过渡点、放置好物料从放置点到 HOME 点的过渡点
P6	取料点 1	料仓区的第一个取料点
P7	不合格物料放置点 1	不合格物料放置区的第一个放置点
P8	合格物料放置点 1	合格物料放置区的第一个放置点

3. 调试机器人单元

（1）导入文件

步骤1：打开DobotSCStudio软件，选择机器人的IP地址。

步骤2：机器人使能。单击初始界面快捷设置按钮中的"电动机使能" <kbd>?</kbd> 图标，设置末端负载重量为"200g"，"电动机使能"红色 <kbd>?</kbd> 图标变为绿色 <kbd>?</kbd> ，机器人上的指示灯由蓝色变为绿色。

步骤3：单击功能模块菜单栏中的"脚本编程"按钮，右击"工作空间"，选择"导入工程"，如图6-25所示。找到并打开"电子芯片引脚缺陷检测系统"→"src0"程序，导入结果如图6-26所示。

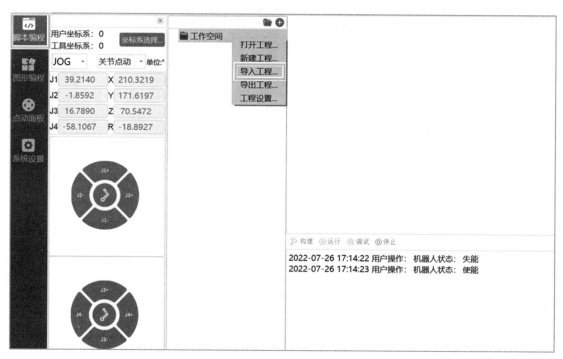

图6-25 导入工程

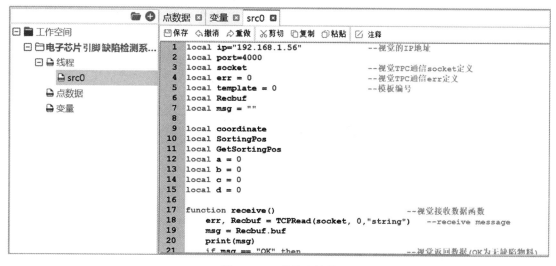

图6-26 工程导入结果

注意：如果工程文件已经保存或导入到机器人中，则不支持重复导入，直接打开即可。

（2）更新点位信息

步骤1：更新P1点位（HOME点位）。用手持示教和点动面板相结合的方法，控制机器人末端工具移动到视觉检测单元的正下方，操作机器人确定 P1 点位，如图 6-27 所示。在“点数据”选项卡中选中“P1”点位，单击“覆盖”按钮，即可更新当前 P1 点位，如图 6-28 所示。

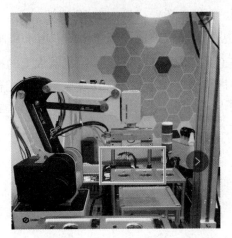

图 6-27　确定 P1 点位

点数据　变量　src0

保存　定位　覆盖　+添加　×删除　撤消　重做

	No.	Alias	X	Y	Z	R	Arm	Tool	User
1	P1	HOME	309.3983	7.9067	109.7106	-29.2150	Right	No.0	No.0

图 6-28　更新 P1 点位

步骤 2：更新 P2 点位（过渡点位）。用确定 P1 点位的操作确定 P2 点位，只要移动机器人偏离检测区域即可，如图 6-29 所示。在“点数据”选项卡中选中“ P2”点位，单击“覆盖”按钮，即可更新 P2 点位，如图 6-30 所示。

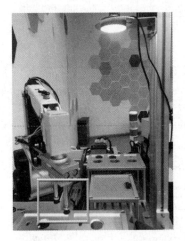

图 6-29　确定 P2 点位

点数据　变量　src0

保存　定位　覆盖　+添加　×删除　撤消　重做

	No.	Alias	X	Y	Z	R	Arm	Tool	User
1	P1	HOME	309.3983	7.9067	109.7106	-29.2150	Right	No.0	No.0
2	P2	guodudian1	237.7844	-196.5481	79.6416	-46.6737	Right	No.0	No.0

图 6-30　更新 P2 点位

步骤 3：更新 P3 点位（检测点位）。P3 点位既是检测电子芯片的点位，也是机器人吸取电子芯片的点位，这里利用机器人末端吸盘和电子芯片来精确确定点位。

在视觉检测台放好电子芯片，在"IO 监控"里控制伸缩缸，让两个吸盘靠近；控制机器人末端吸盘移动到电子芯片处，使吸盘紧贴电子芯片表面，在"IO 监控"里控制 1 个吸盘吸气吸住电子芯片，此点即为 P3 点位，如图 6-31 所示。在"点数据"选项卡中选中"P3"点位，单击"覆盖"按钮，即可更新 P3 点位，如图 6-32 所示。

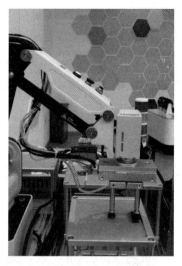

图 6-31　确定 P3 点位

	No.	Alias	X	Y	Z	R	Arm	Tool	User
1	P1	HOME	309.3983	7.9067	109.7106	-29.2150	Right	No.0	No.0
2	P2	guodudian1	237.7844	-196.5481	79.6416	-46.6737	Right	No.0	No.0
3	P3	jiancedian	294.1561	-0.6598	27.8026	-30.6735	Right	No.0	No.0

图 6-32　更新 P3 点位

步骤 4：更新 P4 点位（检测上方点位）。单击"点动面板"界面中的"Z+"，抬高机器人末端执行器到合适的检测点上方，确定好后，此点即为 P4 点位，如图 6-33 所示。选中"点数据"选项卡中的 P4 点位，单击"覆盖"按钮，生成新的 P4 点位，如图 6-34 所示。

图 6-33　确定 P4 点位

	No.	Alias	X	Y	Z	R	Arm	Tool	User
1	P1	HOME	309.3983	7.9067	109.7106	-29.2150	Right	No.0	No.0
2	P2	guodudian1	237.7844	-196.5481	79.6416	-46.6737	Right	No.0	No.0
3	P3	jiancedian	294.1561	-0.6598	27.8026	-30.6735	Right	No.0	No.0
4	P4	jianceshan...	294.1562	-0.6598	57.1301	-30.6735	Right	No.0	No.0

图 6-34　更新 P4 点位

步骤 5：更新 P5 点位（第二个过渡点位）。操作方法参照 P2 点位，在放置区域的上方确定一个点位即可，如图 6-35 所示。在"点数据"选项卡中选中 P5 点位，单击"覆盖"按钮，生成新的 P5 点位，如图 6-36 所示。

图 6-35　确定 P5 点位

	No.	Alias	X	Y	Z	R	Arm	Tool	User
1	P1	HOME	309.3983	7.9067	109.7106	-29.2150	Right	No.0	No.0
2	P2	guodudian1	237.7844	-196.5481	79.6416	-46.6737	Right	No.0	No.0
3	P3	jiancedian	294.1561	-0.6598	27.8026	-30.6735	Right	No.0	No.0
4	P4	jianceshan...	294.1562	-0.6598	57.1301	-30.6735	Right	No.0	No.0
5	P5	guodudian2	294.1425	178.2003	57.1355	-27.2298	Right	No.0	No.0

图 6-36　更新 P5 点位

步骤 6：更新取料点位。

1）放置待检电子芯片，并测量电子芯片间距。把电子芯片按图 6-37 放置，并用直尺量出横纵两个方向两个电子芯片的间距。

图 6-37　电子芯片间距

注意：要想确保机器人能够分别自动地取出 6 个电子芯片，那么电子芯片的放置至关重要。采用 2×3 规律电子芯片放置方法，也就是不同行电子芯片的纵向间距相等，同一行相邻两个电子芯片的横向间距也相等。利用循环语句结合数学公式，就可得出物料台上 6 个电子芯片的点位数据。

2）更新基准点位。P6 点位是第一个取料点，也是其他取料点的基准点。P6 点位的确定方法与 P3 点位相同，控制机器人末端吸盘吸住电子芯片，如图 6-38 所示。在"点数据"选项卡中，选中"P6"点位，单击"覆盖"按钮，生成新的 P6 点位，如图 6-39 所示。

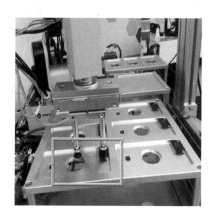

图 6-38　确定 P6 点位

	No.	Alias	X	Y	Z	R	Arm	Tool	User
1	P1	HOME	309.3983	7.9067	109.7106	-29.2150	Right	No.0	No.0
2	P2	guodudian1	237.7844	-196.5481	79.6416	-46.6737	Right	No.0	No.0
3	P3	jiancedian	294.1561	-0.6598	27.8026	-30.6735	Right	No.0	No.0
4	P4	jianceshan...	294.1562	-0.6598	57.1301	-30.6735	Right	No.0	No.0
5	P5	guodudian2	294.1425	178.2003	57.1355	-27.2298	Right	No.0	No.0
6	P6	quliaodian	74.3226	-354.4015	29.7348	-117.9305	Right	No.0	No.0

图 6-39　更新 P6 点位

3）更新程序数据中的取料点位。在"src0"界面，把 P6 点位的 X、Y、Z、R 的数值和两个间距值更新到机器人程序中，即可确定所有的取料点位，如图 6-40 所示。

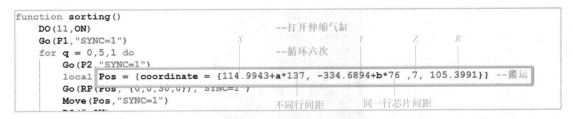

图 6-40　机器人程序中的取料数据点

步骤 7：更新不合格物料放置点位和合格物料放置点位。同 P6 点位一样，P7 和 P8 点位分别是不合格物料和合格物料的第一个放置点位，即为各自区域的基准点位。

1）更新基准点位。用与确定 P6 点位的相同操作，确定 P7、P8 点位，如图 6-41、图 6-42 所示，并在"点数据"选项卡中更新对应点位。

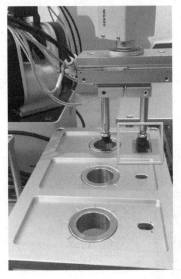

图 6-41　确定 P7 点位

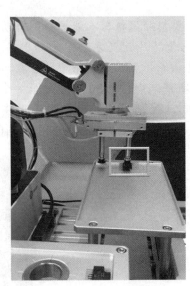

图 6-42　确定 P8 点位

2）测量芯片间距。由于是单排横向放置电子芯片，所以只需测量各自区域中的第一个电子芯片和第二个电子芯片的间距即可，如图 6-43 所示。

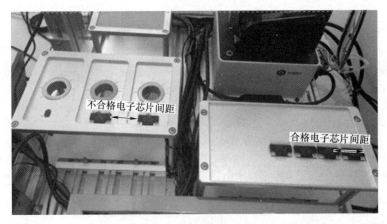

图 6-43　不合格电子芯片间距和合格电子芯片间距

3）更新程序中放置点位的数据。把 P7、P8 点位数据和两个间距值更新到程序的对应数值中，如图 6-44 所示。

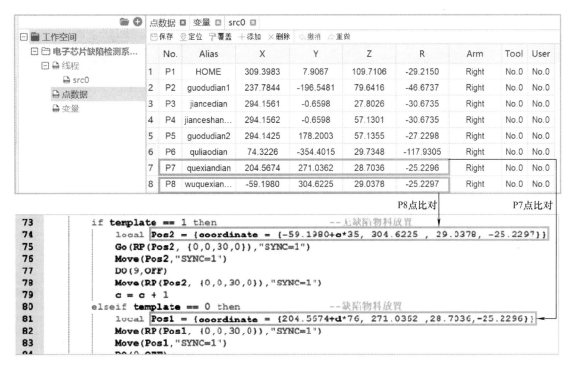

图 6-44　"点数据"选项卡中 P7、P8 点位和程序中的点位比对

评价反馈

各组代表介绍任务实施过程，并完成评价表（见表 6-15）。

表 6-15　评价表

类别	考核内容	分值	评价分数		
			自评	互评	教师
理论	了解机器人单元的工作内容	10			
	了解机器人程序各模块的含义	15			
技能	能够正确连接设备	5			
	能够用 IO 监控控制机器人末端执行器	5			
	能够描述机器人运动所需的不同点位的含义	10			
	能够示教和调试机器人点位	45			
素养	遵守操作规程，养成严谨科学的工作态度	2			
	根据工作岗位职责，完成小组成员的合理分工	2			
	团队合作中，各成员能够准确表达自己的观点	2			
	严格执行 6S 现场管理	2			
	养成总结训练过程和训练结果的习惯，为下次训练积累经验	2			
总分		100			

相关知识

1. 电子芯片引脚缺陷检测系统机器人单元的工作内容

1）搬运：机器人从物料台移动电子芯片到视觉检测台。

2）分拣：视觉检测完毕后，机器人把合格电子芯片和不合格电子芯片分别放置到对应区域。

2. 机器人点位函数程序

机器人程序中的点位函数程序部分如图 6-45 所示。

```
function sorting()
    DO(11,ON)                                        --打开伸缩气缸
    Go(P1,"SYNC=1")                                  --移动到初始点
    for q = 0,5,1 do                                 --循环六次
        Go(P2,"SYNC=1")                              --移动到过渡点
        local Pos = {coordinate = {114.9943+a*137, -334.6894+b*76 ,7, 105.3991}} --定义搬运点位
        Go(RP(Pos, {0,0,30,0}),"SYNC=1")             --移动到取料点上方
        Move(Pos,"SYNC=1")                           --移动到取料点处
        DO(9,ON)                                     --吸盘打开，吸取物料
        Move(RP(Pos, {0,0,30,0}),"SYNC=1")           --移动到取料点上方
        Go(P2,"SYNC=1")                              --移动到过渡点
        Go(P4,"SYNC=1")                              --移动到检测点上方
        Move(P3,"SYNC=1")                            --移动到检测点
        DO(9,OFF)                                    --吸盘关闭，放下物料
        Move(P4,"SYNC=1")                            --移动到检测点上方
        Go(P2,"SYNC=1")                              --移动到过渡点
        send("end")                                  --机器人发送 end 数据给视觉（通知检测）
        receive()                                    --机器人收到视觉发过来的数据
        Go(P4,"SYNC=1")                              --移动到检测点上方
        Move(P3,"SYNC=1")                            --移动到检测点
        DO(9,ON)                                     --吸盘打开，吸取物料
        Move(P4,"SYNC=1")                            --移动到检测点上方
        Go(P5,"SYNC=1")                              --移动到第二个过渡点
```

a) 物料台取料，放置到视觉检测台

```
        if template == 1 then                        --无缺陷物料放置
            local Pos2 = {coordinate = {-75.2307+c*35, 224.9605 , 28.0468, 193.5037}}--定义分拣点位
            Go(RP(Pos2, {0,0,30,0}),"SYNC=1")--移动到无缺陷物料的放置点的上方
            Move(Pos2,"SYNC=1")                      --移动到放置点
            DO(9,OFF)                                --吸盘关闭，放下物料
            Move(RP(Pos2, {0,0,30,0}),"SYNC=1")--移动到无缺陷物料的放置点的上方
            c = c + 1
        elseif template == 0 then                    --缺陷物料放置
            local Pos1 = {coordinate = {216.3215+d*60, 197.3108 ,28.0468, 193.5037}}
            Move(RP(Pos1, {0,0,30,0}),"SYNC=1") --移动到缺陷物料的放置点的上方
            Move(Pos1,"SYNC=1")                      --移动到缺陷物料的放置点
            DO(9,OFF)                                --关闭吸盘，放下物料
            Move(RP(Pos1, {0,0,30,0}),"SYNC=1") --移动到缺陷物料的放置点的上方
            d = d + 1
        end
        Go(P5,"SYNC=1")                              --移动到过渡点
        Go(P1,"SYNC=1")                              --移动到起始点
        if q == 2 then                               --2×3的取料位置
            a = a + 1
            b = 0
        else
            b = b + 1
        end
    end
end
```

b) 视觉检测台取料，放置到对应区域

图 6-45　机器人点位函数程序

任务 6.4　系统联调

学习情境

机器视觉单元和机器人单元调试完成后，接下来最关键的一步，就是在这两个单元间建立通信，实现数据的传输，才能建立完整的电子芯片引脚缺陷检测系统，这就是系统联调。

学习目标

知识目标

1）了解 TCP 通信的内容。

2）了解电子芯片引脚缺陷检测系统的完整程序。

技能目标

1）能够完成电子芯片引脚缺陷检测系统的联调。

2）能够完成机器人单元中的视觉单元 IP 地址设置。

3）能够描述机器人单元与视觉单元间的通信过程。

素养目标

1）根据工作岗位职责，完成小组成员的合理分工。

2）团队合作中，各成员能够表达自己的观点。

3）养成安全规范操作的行为习惯。

工作任务

建立机器人单元与视觉单元间的通信，完成电子芯片引脚缺陷检测系统的联调：控制机器人从物料台吸取电子芯片，放置于视觉检测台上；视觉单元对电子芯片引脚进行缺陷检测，完成检测后，机器人根据检测信息把电子芯片从视觉检测台吸取到对应的电子芯片合格或不合格放置区。

任务分工

根据任务要求，对小组成员进行合理分工，并填写在表 6-16 中。

表 6-16　任务分工表

班级		组号		指导老师	
组长		学号			
组员及分工	姓名		学号		任务分工

获取信息

引导问题：电子芯片引脚缺陷检测系统联调的工作流程是什么？

_____

_____

工作计划

1）制定工作方案，见表6-17。

表6-17 工作方案

步骤	工作内容	负责人

2）列出核心物料清单，见表6-18。

表6-18 核心物料清单

序号	名称	型号/规格	数量

工作实施

芯片缺陷检测
系统联调

1. 系统联调的准备工作

1）系统启动。
2）连接硬件。
3）下载PLC程序。
4）打开机器人和机器视觉软件及对应的工程文件。

2. 建立机器人单元与视觉单元间的通信

（1）修改机器人程序中的视觉单元IP地址

步骤1：将计算机IP地址修改为"192.168.1.55"。

步骤2：在DobotSCStudio软件中，把程序第一行的IP地址设置为与计算机相同的IP地址，如图6-46所示。

（2）进行视觉方案中的TCP通信设置

步骤1：打开DobotVisionStudio软件的电子芯片引脚缺陷检测视觉方案初始界面。

步骤2：单击快捷工具栏中的"通信管理"按钮，如图6-47所示，弹出"通信管理"对话框。

步骤3：单击打开"设备列表"下方的"1TCP服务端"按钮，弹出信息提示框，提示连接失败，然后单击提示框中的"确定"按钮，如图6-48所示。

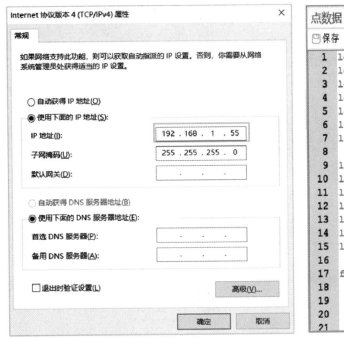

图 6-46　计算机与机器人程序 IP 地址比对

图 6-47　通信管理工具

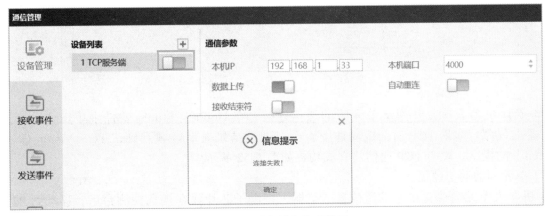

图 6-48　进行设备管理设置

　　步骤 4：返回"通信管理"对话框，修改通信参数中的本机 IP，把 IP 地址设置为当前计算机的 IP 地址，单击关闭"1TCP 服务端"按钮，如图 6-49 所示。

图 6-49　设置通信管理参数

只有当视觉程序与机器人程序中的端口和 IP 地址相同时，两者才可以通信，如图 6-50 所示。

图 6-50　视觉程序通信参数与机器人程序中的端口和 IP 比对

步骤 5：单击快捷工具栏中的"全局触发"按钮，在"字符串触发"选项卡中设置匹配模式和触发配置的内容，如图 6-51 所示。

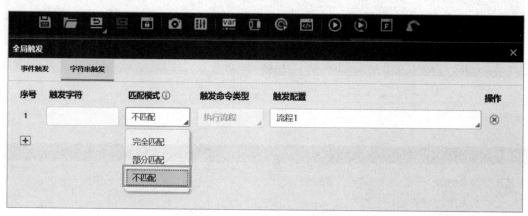

图 6-51　全局触发参数设置

（3）确认机器人单元和视觉单元间的通信连接　在 DobotSCStudio 软件中单击"运行"按钮，运行机器人程序。如果 TCP 通信成功建立，会在调试结果显示区域看到"TCP_Vision Connection succeeded"的提示，说明 TCP 通信建立成功，如图 6-52 所示。

（4）单元间的通信过程

1）机器人单元向视觉单元发送信息。机器人把电子芯片放在视觉检测台后，移动到 P2 过渡点位，接着机器人单元会通过建立好的 TCP 通信向视觉单元发送一个"end"数据，如图 6-53 所示。

2）视觉单元接收到机器人单元发来的信息。视觉单元接收到机器人单元发来的"end"数据后，知道电子芯片已放置于检测台上，于是视觉单元开始执行电子芯片引脚缺陷检测方案，对电子芯片的引脚进行缺陷检测。可以在视觉软件"通信管理"对话框的"接收数据"中查看接收到的"end"数据，如图 6-54 所示。

```
点数据 ☒  变量 ☒  src0 ☒

🖫保存  ↻撤消  ↺重做  ✂剪切  📋复制  📋粘贴  ✏注释

27        end
28  end
29
30  function send(thing)                        --视觉发送函数
31      Send_data = thing
32      TCPWrite(socket,Send_data)
33      Send_data = ""
34  end
35
36  function createtcp()                        --建立TCP通信
37      err, socket = TCPCreate(false, ip, port)
38      if err == 0 then
39          err = TCPStart(socket, 0)
40          if err == 0 then
41              print("TCP_Vision Connection succeeded")
42          else
43              print("TCP_Vision Connection failed")
44          end
45      end
46  end
47  --搬运+分拣--

🗺构建  ⊙运行  ◎调试  ◎停止

2022-07-26 18:19:02 用户操作:  当前状态: 运行中...
2022-07-26 18:19:03 运行信息:  TCP_Vision Connection succeeded
2022-07-26 18:19:03 用户操作:  当前状态: 运行中...
```

图 6-52　TCP 通信连接成功提示

```
61          Move(P3,"SYNC=1")
62          DO(9,OFF)
63          Move(P4,"SYNC=1")
64          Go(P2,"SYNC=1")
65          send("end")              --机器人发送"end"数据给视觉
66          receive()                --机器人收到视觉发过来的数据
67          Go(P4,"SYNC=1")
68          Move(P3,"SYNC=1")
```

图 6-53　机器人单元发送数据

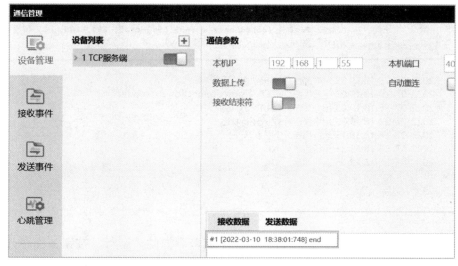

图 6-54　视觉单元接收数据

3）视觉单元向机器人单元发送信息。视觉单元完成电子芯片引脚缺陷检测工作后，使用发送数据模块向机器人单元发送条件检测模块中的结果："OK"（表示是合格电子芯片）或者"NG"（表示是不合格电子芯片）。双击18发送数据模块，可以查看发送数据基本参数的设置，如图6-55所示。

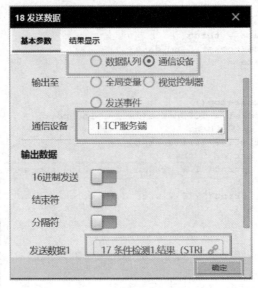

图6-55　发送数据基本参数设置

4）机器人单元收到视觉单元发来的数据。视觉单元发出检测结果数据，数据会传递到机器人单元中。

在DobotSCStudio软件的调试结果显示区域可以看到机器人单元接收到的数据，此时说明机器人单元知道视觉单元已经完成了缺陷检测工作，如图6-56所示。接下来机器人根据接收到的缺陷检测结果，把电子芯片吸取到对应的放置区域放置。

```
63    Move(P4,"SYNC=1")
64    Go(P2,"SYNC=1")
65    send("end")              --机器人发送"end"数据给视觉
66    receive()                --机器人收到视觉发过来的数据
67    Go(P4,"SYNC=1")
68    Move(P3,"SYNC=1")
69    DO(9,ON)
70    Wait(500)
71    Move(P4,"SYNC=1")
72    Go(P5,"SYNC=1")
73    if template == 1 then     --无缺陷物料放置
74        local Pos2 = {coordinate = {-59.1980+c*35, 304.6225 , 29.03
75        Go(RP(Pos2,{0,0,30,0}),"SYNC=1")
```

⚐构建 ◎运行 ◎调试 ◎停止

2022-07-26 18:19:02 用户操作: 当前状态: 运行中...
2022-07-26 18:19:03 运行信息: TCP_Vision Connection succeed
2022-07-26 18:19:03 用户操作: 当前状态: 运行中...
2022-07-26 18:19:03 用户操作: 进入运行状态
2022-07-26 18:19:15 运行信息: NG
2022-07-26 18:19:35 运行信息: NG
2022-07-26 18:19:55 运行信息: OK

图6-56　机器人程序中的接收数据

3. 运行机器人程序

建立好各单元间的通信连接后，单击机器人程序窗口下方的"运行"按钮，程序开始运行，机器人开始工作，如图6-57所示。

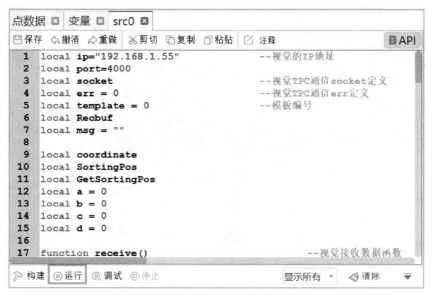

图 6-57　运行机器人程序

在机器人工作时，可以随时单击"暂停"或"停止"按钮来控制机器人的运行，如图 6-58 所示。

图 6-58　机器人工作中

工作时，机器人末端执行器先从物料台吸取一个电子芯片，放到视觉检测台进行电子芯片引脚缺陷的检测；视觉缺陷检测完毕后，机器人末端执行器再吸取电子芯片放到对应放置区；机器人继续相同的操作，直到把需检测的电子芯片检测完毕为止；机器人分拣完所有电子芯片后返回到 HOME 点位。分拣完成的电子芯片如图 6-59 所示。

图 6-59 分拣完成的电子芯片

评价反馈

各组代表介绍任务实施过程，并完成评价表（见表 6-19）。

表 6-19 评价表

类别	考核内容	分值	评价分数		
			自评	互评	教师
理论	了解电子芯片引脚缺陷检测系统联调的工作流程	10			
	读懂电子芯片引脚缺陷检测系统的完整程序	15			
技能	能够进行机器人程序中视觉单元 IP 地址的设置	10			
	能够进行视觉单元中的 TCP 通信设置	15			
	能够描述机器人单元与视觉单元间的通信	20			
	能够运行系统联调的操作，并正确分拣出电子芯片	20			
素养	遵守操作规程，养成严谨科学的工作态度	2			
	根据工作岗位职责，完成小组成员的合理分工	2			
	团队合作中，各成员能够准确表达自己的观点	2			
	严格执行 6S 现场管理	2			
	养成总结训练过程和训练结果的习惯，为下次训练积累经验	2			
	总分	100			

相关知识

1. 系统联调的工作流程

系统联调是在已经分别调试完机器人程序和机器视觉程序后进行的工作，工作流程为：系统启动→连接硬件→下载 PLC 程序→打开软件及对应工程文件→建立视觉单元与机器人单元间的 TCP 通信→运行机器人程序→观察系统运行情况。

2. 机器人完整程序模块介绍

（1）src0 程序

1）定义本地变量程序，如图 6-60 所示。

```
local ip="192.168.1.55"              --视觉的IP地址
local port=4000                      --视觉的端口号
local socket                         --视觉TPC通信socket定义
local err = 0                        --视觉TPC通信err定义
local template = 0                   --模板编号
local Recbuf                         --定义变量Recbuf
local msg = ""                       --定义变量msg并赋值
local coordinate                     --定义coordinate变量
local SortingPos                     --定义SortingPos变量
local GetSortingPos                  --定义GetSortingPos变量
local a = 0                          --定义变量a并赋值
local b = 0                          --定义变量b并赋值
local c = 0                          --定义变量c并赋值
local d = 0                          --定义变量d并赋值
```

图 6-60　定义本地变量程序

2）接收视觉数据函数程序，如图 6-61 所示。

```
function receive()                               --接收视觉数据函数
    err, Recbuf = TCPRead(socket, 0,"string")    --receive message
    msg = Recbuf.buf
    print(msg)
    if msg == "OK" then                          --接收视觉数据(OK为无缺陷物料)
        template = 1
    elseif msg == "NG" then
        template = 0
    else
        print("视觉发送数据错误")
    end
end
```

图 6-61　接收视觉数据函数程序

3）发送数据给视觉函数程序，如图 6-62 所示。

```
function send(thing)                    --发送数据给视觉函数
    Send_data = thing
    TCPWrite(socket,Send_data)
    Send_data = ""
end
```

图 6-62　发送数据给视觉函数程序

4）建立 TCP 通信程序，如图 6-63 所示。

205

```
--建立TCP通信--
function createcp()
    err, socket = TCPCreate(false, ip, port)        --创建TCP通信网络指令
    if err == 0 then                                --创建成功
        err = TCPStart(socket, 0)                   --TCP连接
        if err == 0 then
            print("TCP_Vision Connection succeeded")
        else
            print("TCP_Vision Connection failed")
        end
    end
end
```

图 6-63　建立 TCP 通信程序

5）机器人点位函数程序，机器人点位函数程序见任务 6.3 的图 6-45。

6）系统启动程序，如图 6-64 所示。

```
createtcp()                         --调用createtcp函数，建立TCP通信
sorting()                           --调用sorting函数，开始搬运和分拣工作
TCPDestroy(socket)                  --关闭TCP通信
```

图 6-64　系统启动程序

（2）全局变量函数程序

全局变量函数程序如图 6-65 所示。

```
function WaitDI(index,stat)         --等待DI信号
    while DI(index) ~= stat do
        Sleep(100)
    end
end
```

图 6-65　全局变量函数程序

项目总结

本项目为电子芯片引脚缺陷检测系统的调试，分别介绍了视觉缺陷检测单元和机器人控制单元的调试，对视觉单元和机器人单元有了初步的认识和了解。通过系统联调，掌握了机器人单元和视觉单元间的通信，从而对电子芯片引脚缺陷检测系统有了整体的掌握。

拓展阅读

机器视觉检测系统在我国造币机中的应用

机器视觉检测系统以其自动化、高精度、高可靠性等优点，广泛应用于半导体、制造、医学、汽车及印刷等行业。造币机就是机器视觉系统在印刷行业的典型应用之一。

为了确保产品的准确率，对造币机的工艺要求非常严格，要求对生产的产品进行 100% 检测。在第五套人民币印刷工艺中，采用高速滚边机对壹圆硬币的侧边进行加工，同时还增强了硬币的防伪功能。为了满足对造币机工艺的严格要求，北京盈美智科技发展有限公司的工程师们选定在造币的最后一道工序上安装机器视觉检测系统，对硬币边缘的字符进行检测。

造币的最后一道工序是压印工艺，机器视觉图像检测系统的硬件配置至关重要。首先视觉检测系统的相机必须是高速相机，同时要求相机的计算速度和存储能力也要很快。由于硬币下落时的平均速度是 10 件 /s，这就要求机器视觉系统对每个硬币进行测量的时间必须小于 100ms。测试后发现从触发、图像采集到计算的总时间和，工业相机能够控制在 40ms 之内。

　　确定了相机后，接下来就是确定相机的拍摄时机。要想准确地拍摄到高速下落的硬币，必须要有同步触发信号。经过多次测试，工程师们采用了高速反射式光纤传感器进行同步触发，很好地解决了这个难题。

　　另外，在光源方面，工程师们采用了两组 LED 环形灯加频闪控制器来配合相机对图像进行采集，目的是降低硬币弧形边缘的高反光对图像质量的影响程度。

　　经过多次验证，这套机器视觉检测系统的准确率达到了 100%。

项目 7
手机定位引导装配系统的调试

07

项目引入

　　机器人增加视觉传感器后，能够主动采集机器人工作环境的图像信息，并通过机器视觉软件对采集到的图像进行处理，获取机器人操作所需要的信息数据，引导机器人工作，使机器人更具灵活性和精确性，从而极大地拓展了工业机器人的应用场景。随着机器视觉引导技术的发展，具有视觉系统的机器人能够自动识别和抓取工件，大量的视觉机器人被应用到柔性化、智能化的自动化生产线中，大幅提升了生产线的效率。

　　现有一批三种款式的手机底壳和配套的芯片配件，如图 7-1 所示。现要调试一个手机定位引导装配机器人实训平台，该实训平台能够对芯片的尺寸进行测量，并将芯片装配到手机底壳中。

图 7-1　手机底壳和配套芯片

知识图谱

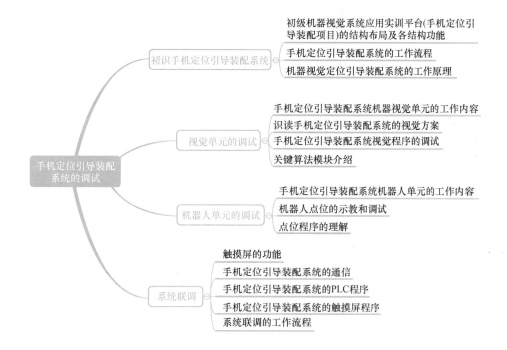

初级机器视觉系统应用实训平台(手机定位引导装配项目)的结构布局及各结构功能

手机定位引导装配系统的工作流程

机器视觉定位引导装配系统的工作原理

手机定位引导装配系统机器视觉单元的工作内容

识读手机定位引导装配系统的视觉方案

手机定位引导装配系统视觉程序的调试

关键算法模块介绍

手机定位引导装配系统机器人单元的工作内容

机器人点位的示教和调试

点位程序的理解

触摸屏的功能

手机定位引导装配系统的通信

手机定位引导装配系统的PLC程序

手机定位引导装配系统的触摸屏程序

系统联调的工作流程

初识手机定位引导装配系统

视觉单元的调试

机器人单元的调试

系统联调

手机定位引导装配系统的调试

任务 7.1　初识手机定位引导装配系统

学习情境

　　视觉装配机器人可以识别工件的形状、颜色、位姿等信息，综合相关信息经过分析、对比、判断之后，下达指令给机器人，增强了机器人对目标工件变化的应对能力，广泛应用在柔性制造自动化生产线中。

　　视觉装配机器人在完成工件装配之后，还需要对系统进行调试。在进行系统调试前，首先需要了解什么是手机定位引导装配系统，了解它是如何开展工作的。

学习目标

知识目标

　　了解机器视觉定位引导装配系统的工作原理。

技能目标

　　1）能够认识初级机器视觉系统应用实训平台（手机定位引导装配项目）的结构布局。

　　2）能够描述初级机器视觉系统应用实训平台（手机定位引导装配项目）各结构功能。

　　3）能够描述初级机器视觉系统应用实训平台（手机定位引导装配项目）的工作流程。

素养目标

1）根据工作岗位职责，完成小组成员的合理分工。

2）团队合作中，各成员能够表达自己的观点。

3）养成安全规范操作的行为习惯。

工作任务

认识初级机器视觉系统应用实训平台（手机定位引导装配项目）的结构布局，描述各结构的功能；观看初级机器视觉系统应用实训平台（手机定位引导装配项目）的工作过程演示，描述其工作流程。

任务分工

根据任务要求，对小组成员进行合理分工，并填写在表 7-1 中。

表 7-1　任务分工表

班级		组号		指导老师	
组长		学号			
组员及分工	姓名	学号		任务分工	

获取信息

引导问题：简述机器视觉定位引导装配系统的工作原理。

_____

_____

工作计划

1）制定工作方案，见表 7-2。

表 7-2　工作方案

步骤	工作内容	负责人

2）列出核心物料清单，见表 7-3。

表 7-3　核心物料清单

序号	名称	型号 / 规格	数量

工作实施

1. 认识初级机器视觉系统应用实训平台（手机定位引导装配项目）的结构布局及各结构功能

步骤 1：认识实训平台的结构布局。

初级机器视觉系统应用实训平台（手机定位引导装配项目）用于识别不同类型的手机底壳和手机芯片，并能进行装配。实训平台（手机定位引导装配项目）由视觉单元、机器人单元、PLC 单元等硬件组成，其结构布局如图 7-2 所示。

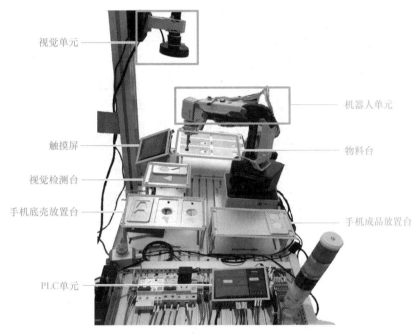

图 7-2　初级机器视觉系统应用实训平台（手机定位引导装配项目）的结构布局

步骤 2：描述各结构的功能。

1）视觉单元：包括相机、镜头、光源以及算法软件，主要用于图像采集、图像处理与图像分析。

2）触摸屏：用于人机交互，可控制系统的启动 / 停止，对 IO 进行监控。

3）视觉检测台：位于视觉单元的正下方，用于放置需要进行视觉检测的手机底壳和手机芯片。

4）手机底壳放置台：用于放置手机底壳。

5）PLC 单元：属于手机定位引导装配系统的控制单元，用于控制系统的启动 / 停止、机器人的启动、电磁阀的通断、三色报警灯以及蜂鸣器的开启 / 关闭。

6）机器人单元：对被测物体执行相应的操作指令。

7）物料台：用于放置手机芯片物料。

8）手机成品放置台：用于放置装配好的手机成品。

2. 描述初级机器视觉系统应用实训平台（手机定位引导装配项目）的工作流程

步骤 1：观看初级机器视觉系统应用实训平台（手机定位引导装配项目）的工作过程演示。

步骤2：描述初级机器视觉系统应用实训平台（手机定位引导装配项目）的工作流程。

初级机器视觉系统应用实训平台（手机定位引导装配项目）的工作流程为：系统启动，机器人将手机底壳放置台上的手机底壳搬运到视觉检测台；视觉单元完成手机底壳的检测和定位，并将手机底壳的坐标等信息发送给机器人单元；机器人将物料放置台上的手机芯片搬运到视觉检测台，视觉单元完成手机芯片的检测和定位，并将坐标等信息发送给机器人；机器人将手机芯片安装到手机底壳内。检测手机芯片是否安装完成，如果没有完成，继续搬运手机芯片，直至安装完成。机器人将装配完成的手机，从视觉检测台搬运到手机成品放置台，再继续下一个手机底壳的装配，直到完成三个成品的装配，如图7-3所示。

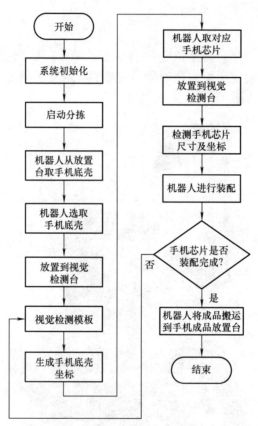

图7-3　初级机器视觉系统应用实训平台（手机定位引导装配项目）的工作流程

评价反馈

各组代表介绍任务实施过程，并完成评价表（见表7-4）。

表7-4　评价表

类别	考核内容	分值	评价分数		
			自评	互评	教师
理论	了解机器视觉定位引导装配系统的工作原理	15			
技能	能够认识实训平台（手机定位引导装配项目）的结构布局	15			
	能够描述出实训平台（手机定位引导装配项目）各结构功能	30			
	能够描述实训平台（手机定位引导装配项目）的工作流程	30			

（续）

类别	考核内容	分值	评价分数		
			自评	互评	教师
素养	遵守操作规程，养成严谨科学的工作态度	2			
	根据工作岗位职责，完成小组成员的合理分工	2			
	团队合作中，各成员能够准确表达自己的观点	2			
	严格执行 6S 现场管理	2			
	养成总结训练过程和训练结果的习惯，为下次训练积累经验	2			
	总分	100			

相关知识

装配是工业制造过程的最后一个生产阶段，具有作业过程复杂、装配任务繁多等特点。将机器视觉与工业机器人结合起来，能够满足工业制造自动化装配高效率、高精度的要求。

机器视觉定位引导装配系统的工作原理是相机收到拍照触发信号后，采集检测对象的图像，然后通过图像预处理和图像分析，得出目标物体所在的图像位姿坐标，经过相机标定和手眼标定，分别获得图像中目标物体与相机、机器人末端执行器与相机之间的相对位姿关系，再利用空间坐标系换算矩阵推导出目标物体相对机器人末端执行器间的位姿坐标。将目标物体在空间的位姿信息反馈给机器人控制系统，即可引导机器人进行智能吸取操作。

任务 7.2　视觉单元的调试

学习情境

手机定位引导装配系统在硬件系统装配完成之后，接来下要做的便是系统调试。首先进行视觉单元的调试。

学习目标

知识目标

1）了解手机定位引导装配系统视觉单元的工作内容。
2）能够识读手机定位引导装配系统的视觉程序。
3）了解分支字符和接收数据等模块的功能及参数。

技能目标

1）能够判断出手机定位引导装配系统的视觉程序需要调整的内容。
2）能够正确调整视觉程序各模块的参数。

素养目标

1）根据工作岗位职责，完成小组成员的合理分工。
2）团队合作中，各成员能够表达自己的观点。
3）养成安全规范操作的行为习惯。

📋 **工作任务**

完成视觉程序的调试，能够准确识别手机底壳中手机芯片安装孔位的形状与位置，能够准确识别手机芯片的形状与位置，并能够测量出手机芯片的周长和面积。

👥 **任务分工**

根据任务要求，对小组成员进行合理分工，并填写在表7-5中。

表 7-5　任务分工表

班级		组号		指导老师	
组长		学号			
组员及分工	姓名		学号		任务分工

🔍 **获取信息**

引导问题1：手机定位引导装配系统中视觉单元的工作内容有哪些?

_____

_____

_____

引导问题2：简述机器视觉程序中快速匹配的功能。

_____

_____

_____

引导问题3：简述手机定位引导装配系统机器视觉程序中 BLOB 分析的功能。

_____

_____

_____

_____

📅 **工作计划**

1）制定工作方案，见表 7-6。

表 7-6　工作方案

步骤	工作内容	负责人

2）列出核心物料清单，见表 7-7。

表 7-7　核心物料清单

序号	名称	型号/规格	数量

工作实施

在调试之前需要将视觉程序复制到安装有手机定位引导装配系统的计算机里，确保 UK 插在计算机上。

1. 系统标定

打开 DobotVisionStudio 软件，按照项目 2 任务 2.2 的方法进行相机标定，生成标定文件"物理距离标定"；按照项目 2 任务 2.3 的方法进行手眼标定，生成标定文件"9 点标定"。

2. 修改视觉方案

打开手机定位引导装配系统视觉方案，将程序中的"21 接收数据1"和"22 分支字符 1"删除，将"0 图像源 1"分别与"1 快速匹配1""6 快速匹配 2""11BLOB 分析 1"直接相连，如图 7-4 所示。

3. 调试 0 图像源模块

双击"0 图像源 1"，对 0 图像源模块的参数进行设置，包括设置关联相机、相机管理的选择相机和触发源等参数，如图 7-5、7-6 所示；接着单击快捷工具栏中的"连续执行"按钮，在连续执行的情况下，进入关联相机的"相机管理"对话框，调整相机的曝光时间，并根据实际情况调整镜头的光圈大小、对焦环位置、光源的亮度，最终采集到清晰的图像。

视觉系统标定

手机定位引导装配系统视觉程序调试（上）

手机定位引导装配系统视觉程序调试（下）

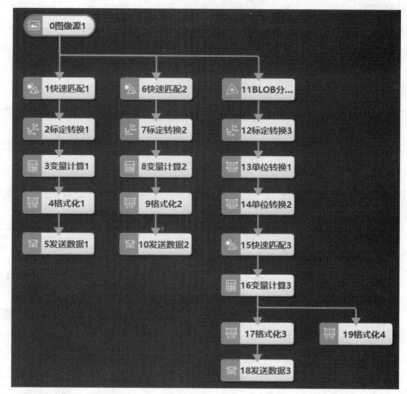

图 7-4　手机定位引导装配系统视觉方案

图 7-5　"0 图像源"参数设置

图 7-6　"相机管理"参数设置

4. 调试视觉方案第一分支模块

步骤 1：1 快速匹配模块参数的设置。将手机底壳放置到视觉检测台的下半部分区域，如图 7-7 所示。

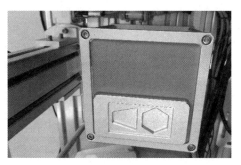

图 7-7　视觉检测台的手机底壳放置区域

双击视觉方案第一分支中的"1 快速匹配 1"，单击"执行"按钮，查看 1 快速匹配模块是否能够准确地识别手机底壳上的第一个安装孔位（梯形）。如果不能识别，则需要重新创建安装孔位的特征模板；如果能够识别，则使用原来的参数和特征模板。

特征模板修改方法如下：

1）双击"1 快速匹配 1"，进行参数设置。

2）基本参数设置，查看 ROI 区域是否正确。ROI 区域对应的是视觉检测台的左下方区域，左下方区域的安装孔位应当被全部覆盖，如图 7-8 所示。如果没有覆盖，则需要重新设置 ROI 区域。重新选择形状为"□"，在图形显示区域绘制一个覆盖左下方区域的 ROI 区域。

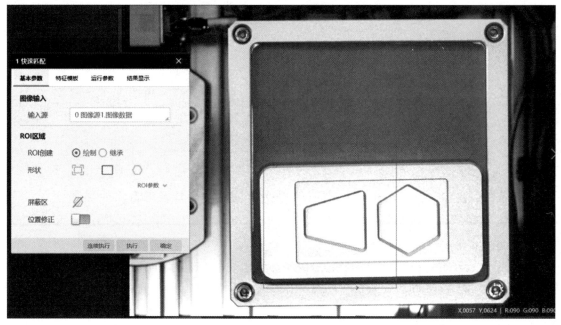

图 7-8　1 快速匹配模块的 ROI 区域

3）在"特征模板"选项卡中，删除原来的所有模板，重新建立孔位的模板，名称和顺序需要与原来保持一致。

4）单击"创建"按钮，进入"模板配置"界面，单击"创建矩形掩模"按钮，拖动生成矩形掩模覆盖安装孔位区域。根据实际情况设置尺度模式及参数、阈值模式及参数，单击"生成模型"按钮生成特征模型。最后单击"确定"按钮保存特征模板。创建好的特征模板如图 7-9 所示。

图 7-9　1 快速匹配模块的特征模板

步骤 2：标定转换模块重新加载标定文件。双击"2 标定转换 1"，打开"2 标定转换"对话框，在"基本参数"选项卡中加载标定文件，选择已建立好的"9 点标定 .xml"文件，如图 7-10 所示。

图 7-10　2 标定转换模块的基本参数设置

步骤 3：依次双击剩余模块，并单击"执行"按钮，查看结果是否正确。

5. 调试视觉程序第二分支模块

步骤 1：调整 6 快速匹配模块参数设置。

将手机底壳放置到视觉检测台的下半部分区域。双击"6 快速匹配 2"，单击"执行"按钮，查看 6 快速匹配模块是否能够准确地识别出手机底壳上的第二个安装孔位（正六边形）。如果没有识别出来，则需要重新创建安装孔位的特征模板；如果能够识别，则使用原来的参数和特征模板。

特征模板修改方法如下：

1）双击"6 快速匹配 2"，进行参数设置。

2）基本参数设置：查看 ROI 区域是否正确。ROI 区域对应的是视觉检测台的右下方区域，右下方区域的安装孔位应当被全部覆盖。如果没有覆盖，则需要重新设置 ROI 区域，重新选择形状为"□"，在图形显示区域绘制一个覆盖右下方区域的 ROI 区域，如图 7-11 所示。

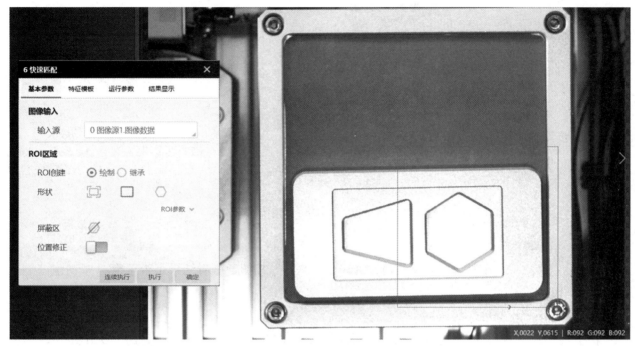

图 7-11　6 快速匹配模块的 ROI 区域

3）在"特征模板"选项卡中，删除原来的所有模板，重新建立孔位的模板，名称和顺序需要与原来保持一致。建立特征模板的方法同上，建立好的特征模板如图 7-12 所示。

图 7-12　6 快速匹配模块的特征模板

步骤 2：标定转换模块重新加载标定文件。

双击"7 标定转换 2"，在"基本参数"选项卡中加载标定文件，选择已建立好的"9 点标定 .xml"文件，如图 7-13 所示。

图 7-13 7 标定转换模块的基本参数设置

步骤 3：依次双击第二分支剩余模块，并单击"执行"按钮，查看结果是否正确。

6. 调试视觉程序第三分支模块

步骤 1：BLOB 分析参数修正。

将手机芯片放置到视觉检测台的上半部分区域，如图 7-14 所示。单击"11BLOB 分析 1"，单击"执行"按钮，查看 11BLOB 分析模块是否能够准确地识别出手机芯片。如果不能识别，则需要重新创建手机芯片的 ROI 区域；如果能够识别，则使用原来的参数和特征模板。

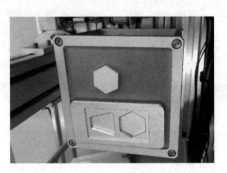

图 7-14 视觉检测手机芯片区域

特征模板修改方法如下：

1）双击"11BLOB 分析 1"，进行参数设置。

2）基本参数设置，查看 ROI 区域是否正确。ROI 区域对应的是视觉检测台的上半部分区域。如果没有覆盖上半部分区域，需重新绘制。重新选择形状为" ▢ "，在图形显示区域绘制一个覆盖整个上半部分检测区域的 ROI 区域，如图 7-15 所示。

修改 ROI 区域参数后，如果还不能识别出芯片，则还需要修改 BLOB 分析的运行参数。查看阈值方式是否"亮于背景"，如果不是就需要将阈值方式设置为"亮于背景"，低阈值根据实际情况进行调整。

步骤 2：重新加载标定转换模块的标定文件。

双击"12 标定转换 3"，在"基本参数"选项卡中加载标定文件，选择已建立好的"9 点标定 .xml"文件，如图 7-16 所示。

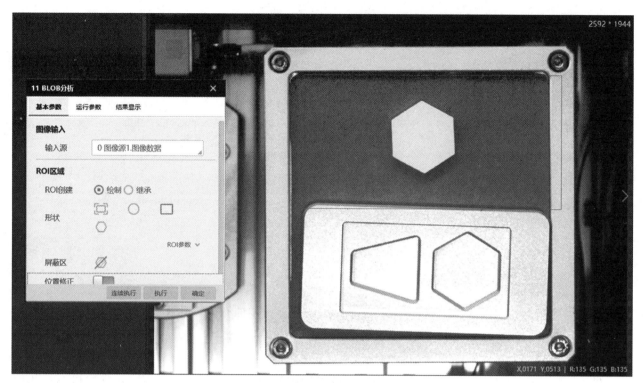

图 7-15 11BLOB 分析模块的 ROI 区域

图 7-16 12 标定转换模块的基本参数设置

步骤 3：重新加载单位转换模块的标定文件。

分别双击"13 单位转换 1"和"14 单位转换 2"进行参数设置，加载标定文件选择的是之前相机标定产生的"物理距离标定 .iwc"文件，如图 7-17、7-18 所示。

步骤 4：修改 15 快速匹配模块特征模板。

将手机芯片放置到视觉检测台的上半部分。双击"15 快速匹配 3"，单击"执行"按钮，查看 15 快速匹配模块的特征模板是否能够准确地识别出手机芯片。如果不能，则需要重新创建手机芯片的特征模板；如果能够识别，则使用原来的特征模板。

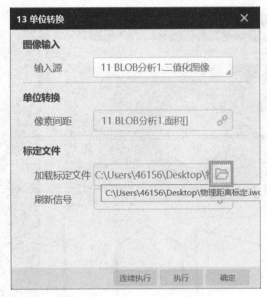

图 7-17 13 单位转换模块的参数设置

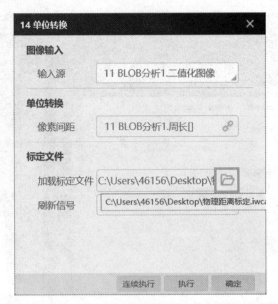

图 7-18 14 单位转换模块的参数设置

特征模板修改方法如下：

双击"15 快速匹配 3"，在"特征模板"选项卡中删除原来的所有模板，重新建立手机芯片的模板，名称和顺序需要与原来保持一致，如图 7-19 所示。

图 7-19 15 快速匹配模块的特征模板

7. 添加两个模块并进行参数设置

步骤 1：重新添加"21 接收数据 1"和"22 分支字符 1"，把"21 接收数据 1"与"0 图像源 1"相连，把"22 分支字符 1"分别与"1 快速匹配 1""6 快速匹配 2"和"11BLOB 分析 1"相连，如图 7-20 所示。

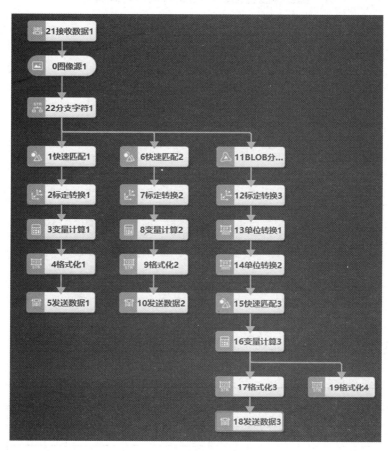

图 7-20　机器视觉方案

步骤 2：21 接收数据模块参数设置。双击 "21 接收数据 1"，进行如图 7-21 所示的参数设置。

图 7-21　21 接收数据模块参数设置

步骤 3：22 分支字符模块参数设置。双击 "22 分支字符 1"，进行如图 7-22 所示的参数设置。

图 7-22　22 分支字符模块参数设置

评价反馈

各组代表介绍任务实施过程，并完成评价表（见表 7-8）。

表 7-8　评价表

类别	考核内容	分值	评价分数		
			自评	互评	教师
理论	了解手机定位引导装配系统机器视觉单元的工作内容	5			
	能够识读手机定位引导装配系统的视觉方案	15			
	了解快速特征匹配、BLOB 分析、单位转换、标定转换等模块的功能及参数	10			
技能	能够判断出手机定位引导装配系统的视觉程序需要调整的内容	10			
	能够正确绘制 ROI 区域	15			
	能够正确更新快速特征匹配的特征模板	20			
	能够正确加载单位转换和标定转换的标定文件	15			
素养	遵守操作规程，养成严谨科学的工作态度	2			
	根据工作岗位职责，完成小组成员的合理分工	2			
	团队合作中，各成员能够准确表达自己的观点	2			
	严格执行 6S 现场管理	2			
	养成总结训练过程和训练结果的习惯，为下次训练积累经验	2			
	总分	100			

相关知识

识读手机定位引导装配系统视觉程序

1. 机器视觉单元的工作内容

1）识别手机底壳中安装孔位的形状与位置，并将相关信息发送给机器人单元。

2）识别手机芯片的形状与位置，并将相关信息发送给机器人单元。

2. 手机定位引导装配系统的视觉检测程序

视觉检测程序如图 7-20 所示，视觉单元接收到机器人单元发送来的信号之后触发拍照，然后进行检测，并把相关信息发回给机器人单元。程序第一分支是检测手机底壳上端安装孔位的形状和位置信息，并将相关信息发送给机器人单元；程序第二分支是检测手机底壳下端安装孔位的形状和位置信息，并将相关信息发送给机器人单元；程序第三分支是检测手机芯片的形状和位置信息并发送给机器人，测量手机芯片的周长与面积并显示结果在图像显示区。视觉检测程序三个分支的检测区域如图 7-23 所示。

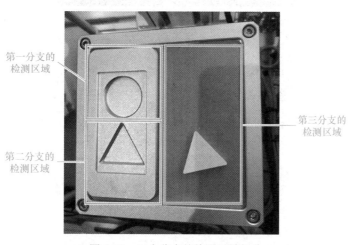

第一分支的
检测区域

第三分支的
检测区域

第二分支的
检测区域

图 7-23　三个分支的检测区域划分

3. 关键算法模块介绍

（1）接收数据模块　接收数据模块借助不同媒介进行数据的传输。主要用于不同流程之间数据的传输，21 接收数据模块的参数如图 7-24 所示，参数说明见表 7-9。

图 7-24　21 接收数据模块的参数

表 7-9　21 接收数据模块的参数说明

参数名称	说　明
输入配置	数据源：可选择从数据队列、通信设备或全局变量接收数据 1）数据队列或全局变量：最多可配置 16 个输入，需要提前在数据队列和全局变量里配置。 2）通信设备：可配置 TCP 客户端、TCP 服务器端、UDP 和串口。此处的配置要和通信管理处的一致

（2）分支字符模块　分支字符模块对输入字符进行检测，若检测通过，则进行数据传输。22 分支字符模块的参数如图 7-25 所示，参数说明见表 7-10。

图 7-25　22 分支字符模块的参数

表 7-10　22 分支字符模块参数说明

参数名称	说　明
输入文本	选择输入的文本
分支参数	设置条件输入值，根据输入文本和条件输入值比较选择分支模块

任务 7.3　机器人单元的调试

学习情境

视觉单元调试完成后，接下来要进行的是机器人单元的调试。

学习目标

知识目标

1）了解手机定位引导装配系统中机器人单元的工作内容。

2）能够读懂手机定位引导装配系统的机器人程序。

技能目标

1）能够判断出手机定位引导装配系统的机器人程序需要调整的内容。

2）能够正确标定工具坐标系。

3）能够正确调整机器人程序。

素养目标

1）根据工作岗位职责，完成小组成员的合理分工。

2）团队合作中，各成员能够表达自己的观点。

3）养成安全规范操作的行为习惯。

工作任务

完成手机定位引导装配系统中机器人程序的调试，机器人能够准确定位到装配任务涉及的所有点位。

任务分工

根据任务要求，对小组成员进行合理分工，并填写在表 7-11 中。

表 7-11　任务分工表

班级		组号		指导老师	
组长		学号			
组员及分工	姓名	学号		任务分工	

获取信息

引导问题 1：手机定位引导装配系统机器人单元的工作内容有哪些？

_____

_____

引导问题 2：机器人程序中 TCPDestroy（Socket）的功能是（　　　）。

A. 关闭 TCP 功能　　　　　　　　B. 发送 TCP 数据

C. 接收 TCP 通信　　　　　　　　D. 建立 TCP 连接

引导问题 3：机器人程序中 err，Recbuf = TCPRead（socket，0，"string"）的功能是（　　　）。

A. 关闭 TCP 功能　　　　　　　　B. 发送 TCP 数据

C. 接收 TCP 通信   D. 建立 TCP 连接

引导问题 4：P12 点的坐标是（266.2970，-63.4936，12.3212，-1.5684），执行 Move（RP（P12，{0，0，30，0}），"SYNC=1"）之后，机器人到达点位的坐标是（   ）。

A.（266.2970，-63.4936，12.3212，-1.5684）

B.（266.2970，-63.4936，42.3212，-1.5684）

C.（236.2970，-63.4936，12.3212，-1.5684）

D.（266.2970，-63.4936，-22.3212，-1.5684）

引导问题 5：在手机定位引导装配系统中，机器人单元与视觉单元之间是通过 TCP 协议通信的，机器人是客户端。此说法对吗？（   ）

工作计划

1）制定工作方案，见表 7-12。

表 7-12　工作方案

步骤	工作内容	负责人

2）列出核心物料清单，见表 7-13。

表 7-13　核心物料清单

序号	名称	型号/规格	数量

工作实施

1. 机器人单元调试前的准备工作

1）确定计算机已经依据网络规划设置好了与机器人相同网段的 IP 地址。

2）确定机器人末端已经安装好了工具。

3）确定机器人与交换机之间的网线连接正常。

4）确定机器人程序已经复制到计算机上。

5）确定 DobotSCStudio 软件已安装到计算机上，并与机器人相连接。

手机定位引导装配系统机器人程序调试（上）

手机定位引导装配系统机器人程序调试（中）

手机定位引导装配系统机器人程序调试（下）

2. 创建工具坐标系 2

由于手机定位引导装配过程中需要使用双吸盘中的一个吸盘，即偏心工具，所以调试时需要创建工具坐标系 2。

步骤 1：在"脚本编程"界面，右击"工作空间"，选择"打开工程"，选择对应的机器人程序，单击"确认"按钮，这样就打开了手机定位引导装配系统的机器人程序，如图 7-26 所示。

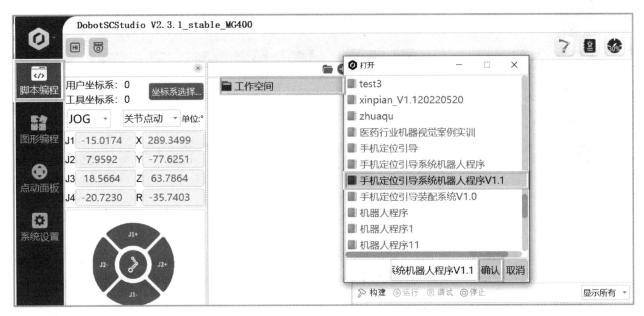

图 7-26　打开工程文件

步骤 2：因为单吸盘定位吸取物料时需要用到工具坐标系，所以需要对单个吸盘建立工具坐标系。

在创建工具坐标系之前，需要将机器人末端伸缩气缸缩回，如图 7-27 所示。具体操作方法是在"系统设置"界面，选择"参数设置"→"IO 监控"，单击数字输出的"11:0"，使其变为"11:1"，如图 7-28 所示。

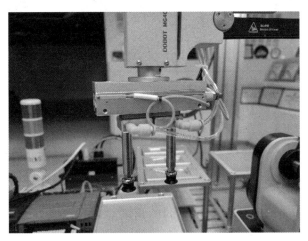

图 7-27　机器人末端伸缩气缸缩回状态

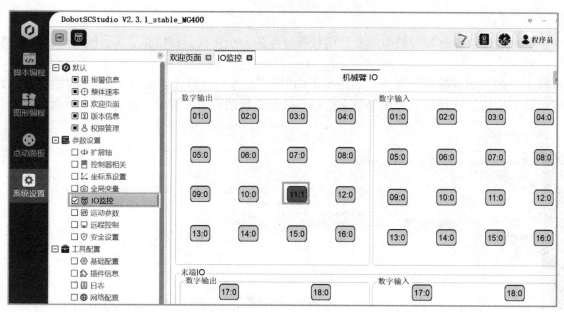

图 7-28　机器人末端伸缩气缸 IO 端口

注意：工具坐标系标定时机器人末端伸缩气缸是缩回还是张开，需要与手机芯片抓取时保持一致。

步骤 3：在"系统设置"界面，选择"参数设置"→"坐标系设置"→"四轴工具坐标系"，打开机器人工具坐标系标定界面，如图 7-29 所示。

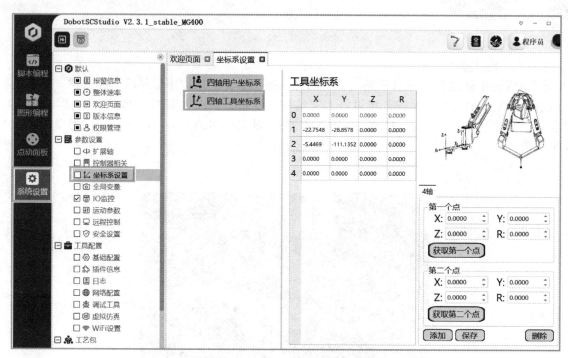

图 7-29　工具坐标系标定界面

步骤 4：将机器人末端伸缩气缸以两种不同的角度对准一个点，依次获取点位的坐标信息，如图 7-30 和 7-31 所示。

图 7-30　获取第一个点位

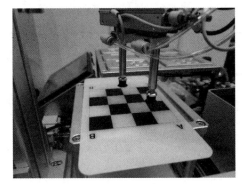

图 7-31　获取第二个点位

步骤 5：在"点动面板"界面，选中工具坐标系 2 后，单击"覆盖"按钮和"保存"按钮，工具坐标系 2 的参数自动生成，如图 7-32 所示。

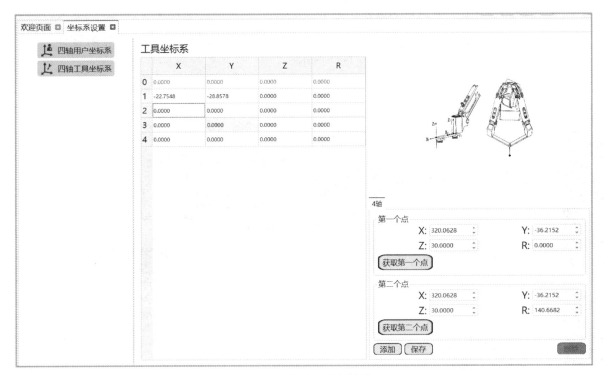

图 7-32　生成工具坐标系

3.认识机器人单元调试所用的点位

手机定位引导装配系统机器人单元调试所用点位及含义见表 7-14。

表 7-14　机器人单元调试所用点位及含义

名称	含　义	备　注
P1	初始点位	调试时不用更新
P2	过渡点位	调试时不用更新
P3	从手机底壳放置台取手机底壳时的过渡点位	手机底壳放置台第一个手机底壳的上方点位
P4	视觉检测台取放手机底壳时的过渡点位	视觉检测台手机底壳的上方点位
P5	视觉检测台手机底壳放置点位	

（续）

名称	含 义	备 注
P6～P11	物料台 6 个手机芯片吸取点位	按一定的顺序放置手机芯片
P12	视觉检测台手机芯片放置点位	
P13	手机底壳放置台的基准点位（第一个手机底壳的点位）	需同步在公式中更新点位数据，才能得到底壳放置台的所有点位信息
P14	手机成品放置台的基准点位（第一个成品的点位）	需同步在公式中更新点位数据，才能得到成品放置台的所有点位信息

4. 调试机器人单元

（1）手机底壳放置台点位信息的更新

步骤 1：选择双吸盘坐标系。单击"点动面板"→"坐标系选择"，用户坐标系选择"坐标系：0"，工具坐标系选择"坐标系：0"，如图 7-33 所示。

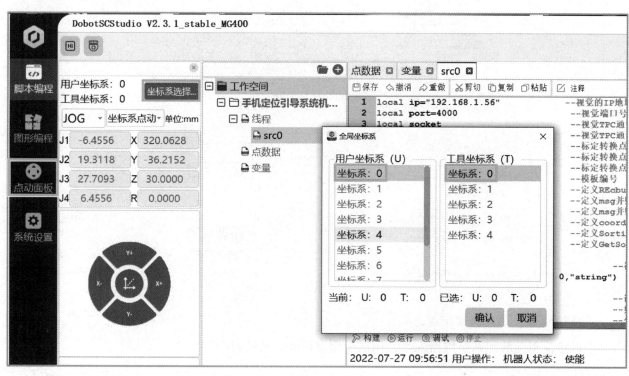

图 7-33　双吸盘坐标系

步骤 2：P13 点位（放置台第一个手机底壳吸取点位）更新。将机器人伸缩气缸打开，移动到手机底壳放置台第一个手机底壳的上方，吸盘轻轻吸住手机底壳，如图 7-34 所示。在"点数据"界面，选中"P13"点位的数据，单击"覆盖"按钮，即可完成 P13 点位信息的更新，如图 7-35 所示。

图 7-34　确定 P13 点位

	No.	Alias	X	Y	Z	R	Arm	Tool	User
4	P4	DoUP	298.0591	0.2768	82.6492	64.5147	Right	No.0	No.0
5	P5	Do	298.0621	0.2768	31.3720	64.5147	Right	No.0	No.0
6	P6	ti	40.9376	-363.5628	30.3671	-134.1249	Right	No.2	No.0
7	P7	liu	177.2182	-365.5634	30.2433	-57.8051	Right	No.2	No.0
8	P8	yuan	184.6547	-291.6650	28.4886	-57.8048	Right	No.2	No.0
9	P9	san	43.0659	-288.6582	27.5269	-91.3596	Left	No.2	No.0
10	P10	zheng	45.6569	-213.7656	28.1369	-239.9758	Right	No.2	No.0
11	P11	wu	178.3373	-215.5663	28.8461	-263.7951	Right	No.2	No.0
12	P12	Push	271.8838	-107.0436	28.8040	-195.6456	Right	No.0	No.0
13	P13	Pos	217.2592	182.5001	28.2449	-24.0456	Right	No.0	No.0

图 7-35　更新 P13 点位

　　步骤 3：更新程序中的手机底壳放置台点位信息。在"src0"界面找到第 123 行程序（local Pos = {coordinate = {356.1834+q*-75，184.5689，15.2565，72.1569}}），将"356.1834"改为 P13 点位的 X 坐标值，将"184.5689"改为 P13 点位的 Y 坐标值，将"15.2565"改为 P13 点位的 Z 坐标值，将"72.1569"改为 P13 点位的 R 坐标。

　　注意：手机底壳放置台的各点位数据是以 P13 点位作为基准点，通过公式和程序循环计算得到的。

　　步骤 4：P3 点位（吸取手机底壳的过渡点位）的更新。将机器人伸缩气缸由当前位置抬升至 Z=70，如图 7-36 所示。在"点数据"界面中，选中"P3"点位的数据，单击"覆盖"按钮，即可完成 P3 点位信息的更新，如图 7-37 所示。

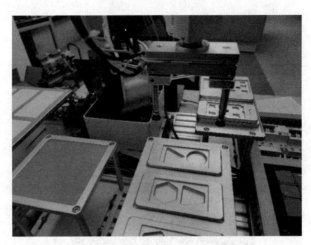

图 7-36　确定 P3 点位

点数据 | 变量 | src0

保存　定位　覆盖　+添加　×删除　撤消　重做

	No.	Alias	X	Y	Z	R	Arm	Tool	User
1	P1	Home	239.6257	-50.4553	95.3788	75.1119	Left	No.0	No.0
2	P2	rguodu	218.6613	-200.5265	79.2819	-4.2695	Left	No.0	No.0
3	P3	oneUP	217.2591	182.5000	59.5065	-24.0456	Right	No.0	No.0

图 7-37　更新 P3 点位

（2）视觉检测区手机壳放置点位信息的更新

步骤 1：更新 P4 点位（视觉检测台取放手机底壳时的过渡点位）。将机器人伸缩气缸移动至视觉检测台手机底壳上方，如图 7-38 所示。在“点数据”界面选中“ P4”点位的数据，单击“覆盖”按钮，完成 P4 点位信息的更新，如图 7-39 所示。

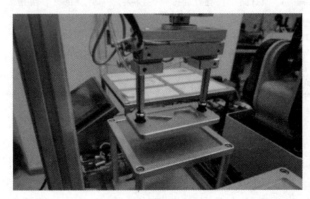

图 7-38　确定 P4 点位

点数据 | 变量 | src0

保存　定位　覆盖　+添加　×删除　撤消　重做

	No.	Alias	X	Y	Z	R	Arm	Tool	User
1	P1	Home	239.6257	-50.4553	95.3788	75.1119	Left	No.0	No.0
2	P2	rguodu	218.6613	-200.5265	79.2819	-4.2695	Left	No.0	No.0
3	P3	oneUP	217.2591	182.5000	59.5065	-24.0456	Right	No.0	No.0
4	P4	DoUP	298.0591	0.2768	82.6492	64.5147	Right	No.0	No.0

图 7-39　更新 P4 点位

步骤 2：更新 P5 点位（视觉检测台手机底壳放置点位）信息。将机器人伸缩气缸移动至视觉检测台手机底壳检测处，如图 7-40 所示的位置。在"点数据"界面选中"P5"点位的数据，单击"覆盖"按钮，完成 P5 点位信息的更新，如图 7-41 所示。

图 7-40　确定 P5 点位

	No.	Alias	X	Y	Z	R	Arm	Tool	User
1	P1	Home	239.6257	-50.4553	95.3788	75.1119	Left	No.0	No.0
2	P2	rguodu	218.6613	-200.5265	79.2819	-4.2695	Left	No.0	No.0
3	P3	oneUP	217.2591	182.5000	59.5065	-24.0456	Right	No.0	No.0
4	P4	DoUP	298.0591	0.2768	82.6492	64.5147	Right	No.0	No.0
5	P5	Do	298.0621	0.2768	31.3720	64.5147	Right	No.0	No.0

图 7-41　更新 P5 点位

（3）物料台手机芯片点位信息的更新

步骤 1：按视觉模板顺序摆放物料，如图 7-42 所示。

图 7-42　物料摆放顺序

步骤 2：选择单吸盘坐标系。选择"点动面板"→"坐标系选择"，用户坐标系选择"坐标系：0"，工具坐标系选择"坐标系：2"，单击"确认"按钮，如图 7-43 所示。

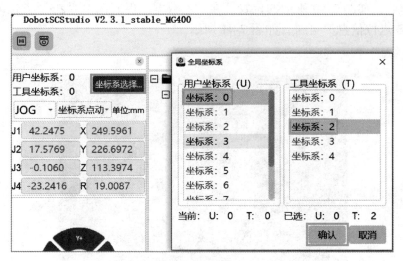

图 7-43　选择单吸盘坐标系

步骤 3：更新 P6 点位（物料台第一个手机芯片吸取点位）信息。将机器人伸缩气缸移动到第一个手机芯片的上方，单吸盘需要轻轻接触手机芯片表面，如图 7-44 所示。在"点数据"界面，选中"P6"点位的数据，单击"覆盖"按钮，即可完成第一个手机芯片的点位信息更新，如图 7-45 所示。

图 7-44　确定 P6 点位

No.	Alias	X	Y	Z	R	Arm	Tool	User
1 P1	Home	239.6257	-50.4553	95.3788	75.1119	Left	No.0	No.0
2 P2	rguodu	218.6613	-200.5265	79.2819	-4.2695	Left	No.0	No.0
3 P3	oneUP	217.2591	182.5000	59.5065	-24.0456	Right	No.0	No.0
4 P4	DoUP	298.0591	0.2768	82.6492	64.5147	Right	No.0	No.0
5 P5	Do	298.0621	0.2768	31.3720	64.5147	Right	No.0	No.0
6 P6	ti	40.9376	-363.5628	30.3671	-134.1249	Right	No.2	No.0

图 7-45　第一个手机芯片点位更新

步骤 4：更新其余手机芯片点位信息。按照图 7-42 的物料摆放顺序，按照上述步骤依次更新其余手机芯片即 P7 ~ P11 点位的信息，更新后的数据如图 7-46 所示。

	No.	Alias	X	Y	Z	R	Arm	Tool	User
1	P1	Home	239.6257	-50.4553	95.3788	75.1119	Left	No.0	No.0
2	P2	rguodu	218.6613	-200.5265	79.2819	-4.2695	Left	No.0	No.0
3	P3	oneUP	217.2591	182.5000	59.5065	-24.0456	Right	No.0	No.0
4	P4	DoUP	298.0591	0.2768	82.6492	64.5147	Right	No.0	No.0
5	P5	Do	298.0621	0.2768	31.3720	64.5147	Right	No.0	No.0
6	P6	ti	40.9376	-363.5628	30.3671	-134.1249	Right	No.2	No.0
7	P7	liu	177.2182	-365.5634	30.2433	-57.8051	Right	No.2	No.0
8	P8	yuan	184.6547	-291.6650	28.4886	-57.8048	Right	No.2	No.0
9	P9	san	43.0659	-288.6582	27.5269	-91.3596	Left	No.2	No.0
10	P10	zheng	45.6569	-213.7656	28.1369	-239.9758	Right	No.2	No.0
11	P11	wu	178.3373	-215.5663	28.8461	-263.7951	Right	No.2	No.0

图 7-46　其余手机芯片点位更新

（4）视觉检测台手机芯片放置点位（P12 点位）信息的更新　将手机芯片放置在视觉检测台，将机器人伸缩气缸移动到如图 7-47 所示的位置，吸盘需要轻轻地接触手机芯片表面。在"点数据"界面，选中"P12"点位的数据，单击"覆盖"按钮，即可完成 P12 点位信息的更新，如图 7-48 所示。

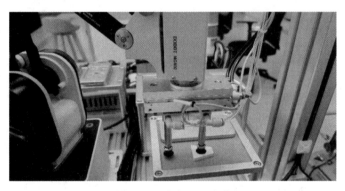

图 7-47　确定 P12 点位

	No.	Alias	X	Y	Z	R	Arm	Tool	User
7	P7	liu	177.2182	-365.5634	30.2433	-57.8051	Right	No.2	No.0
8	P8	yuan	184.6547	-291.6650	28.4886	-57.8048	Right	No.2	No.0
9	P9	san	43.0659	-288.6582	27.5269	-91.3596	Left	No.2	No.0
10	P10	zheng	45.6569	-213.7656	28.1369	-239.9758	Right	No.2	No.0
11	P11	wu	178.3373	-215.5663	28.8461	-263.7951	Right	No.2	No.0
12	P12	Push	271.8838	-107.0436	28.8040	-195.6456	Right	No.0	No.0

图 7-48　更新 P12 点位

（5）手机成品放置台点位信息的更新

步骤 1：更新 P14 点位（手机成品放置台基准点位）信息。将机器人伸缩气缸打开，移动到手机底壳放置台第一个手机底壳的上方，吸盘轻轻挨着手机底壳，如图 7-49 所示。在"点数据"界面，选中"P14"点位的数据，单击"覆盖"按钮，即可完成 P14 点位信息的更新，如图 7-50 所示。

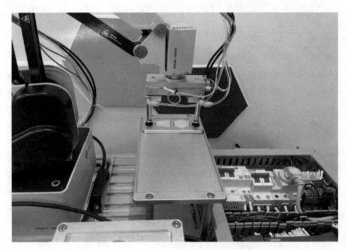

图 7-49 确定 P14 点位

No.	Alias	X	Y	Z	R	Arm	Tool	User
7 P7	liu	177.2182	-365.5634	30.2433	-57.8051	Right	No.2	No.0
8 P8	yuan	184.6547	-291.6650	28.4886	-57.8048	Right	No.2	No.0
9 P9	san	43.0659	-288.6582	27.5269	-91.3596	Left	No.2	No.0
10 P10	zheng	45.6569	-213.7656	28.1369	-239.9758	Right	No.2	No.0
11 P11	wu	178.3373	-215.5663	28.8461	-263.7951	Right	No.2	No.0
12 P12	Push	271.8838	-107.0436	28.8040	-195.6456	Right	No.0	No.0
13 P13	Pos	217.2592	182.5001	28.2449	-24.0456	Right	No.0	No.0
14 P14	Pos1	-41.4292	219.1843	28.9030	157.6735	Left	No.0	No.0

图 7-50 更新 P14 点位

步骤 2：更新手机成品放置台的点位信息。

在"src0"界面中找到第 139 行程序（local Pos1 = {coordinate = {104.2190+q*−62，222.1175，26.4320，77.2238}}），将"104.2190"改为 P14 点位的 X 坐标值，将"222.1175"改为 P14 点位的 Y 坐标值，将"26.4320"改为 P14 点位的 Z 坐标值，将"77.2238"改为 P14 点位的 R 坐标。

注意：手机成品放置台的各点位数据是以 P14 点位为基准点位，通过公式和程序循环计算得到的。

各组代表介绍任务实施过程，并完成评价表（见表 7-15）。

表 7-15 评价表

类别	考核内容	分值	评价分数		
			自评	互评	教师
理论	了解手机定位引导装配系统中机器人单元的工作内容	10			
	能够读懂手机定位引导装配系统的机器人程序	20			
技能	能够判断出手机定位引导装配系统的机器人程序需要调整的内容	20			
	能够正确标定工具坐标系	10			
	能够正确调整机器人程序中点数据的坐标值	30			

（续）

类别	考核内容	分值	评价分数		
			自评	互评	教师
素养	遵守操作规程，养成严谨科学的工作态度	2			
	根据工作岗位职责，完成小组成员的合理分工	2			
	团队合作中，各成员能够准确表达自己的观点	2			
	严格执行 6S 现场管理	2			
	养成总结训练过程和训练结果的习惯，为下次训练积累经验	2			
总分		100			

相关知识

手机定位引导
装配系统的机
器人程序讲解

1. 手机定位引导装配系统机器人单元的工作内容

1）机器人单元收到启动信号之后，将手机底壳从放置台搬运到视觉检测台。

2）机器人单元将手机芯片搬运到视觉检测台。

3）机器人单元收到手机底壳安装孔位信息和手机芯片位置信息之后，将手机芯片装配到手机底壳的安装孔内。

4）机器人单元将安装完成的手机成品搬运到手机成品放置台。

2. 机器人点位程序

机器人程序中的点位程序（部分）如图 7-51 所示。

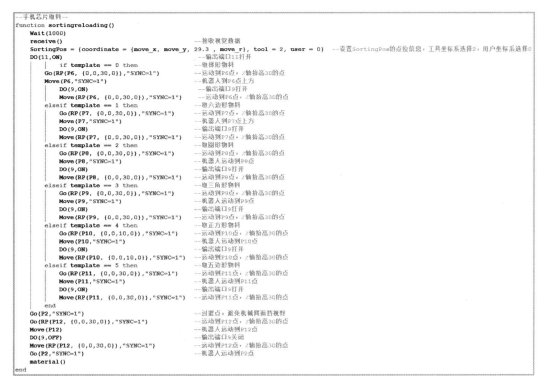

a）手机芯片取料程序

图 7-51　机器人点位程序（部分）

```
--拾取视觉检测台手机芯片--
function material()                                     --定义function函数
    Go(P2,"SYNC=1")                                     --机器人到P2点
    Sleep(1000)                                         --暂停1000ms
    send("material")                                    --发送material给视觉
    print("here,here,here,here,")
    receive()                                           --接收视觉数据
    GetSortingPos = {coordinate = {move_x, move_y,27.5 , move_r}, tool = 2, user = 0}   --工具坐标系选择2,用户坐标系选择0,到达视觉定位点
    Go(P1,"SYNC=1")                                     --机器人运动到P1点
    Go(RP(GetSortingPos, {0,0,30,0}),"SYNC=1")          --运动到GetSortingPos点,z轴抬高30的点
    Move(GetSortingPos,"SYNC=1")                        --运动到GetSortingPos点
    Wait(100)
    DO(9,ON)                                            --输出端口9打开
    Move(RP(GetSortingPos, {0,0,30,0}),"SYNC=1")        --运动到GetSortingPos点,z轴抬高30的点
    Go(RP(SortingPos, {0,0,30,0}),"SYNC=1")             --运动到SortingPos点,z轴抬高30的点
    Move(SortingPos,"SYNC=1")                           --运动到SortingPos点
    DO(9,OFF)                                           --输出端口9关闭
    Move(RP(SortingPos, {0,0,30,0}),"SYNC=1")           --运动到SortingPos点,z轴抬高30的点
    Go(P1,"SYNC=1")                                     --机器人运动到P1点
end
```

b) 拾取视觉检测台手机芯片程序

```
--将手机底壳从放置台搬运到视觉检测台；将视觉检测台的手机底壳搬运到手机成品放置台--
function sorting()
    DO(11,OFF)                                          --输出端口11关闭
    Go(P1,"SYNC=1")                                     --机器人运动到P1点
    for q = 0,2,1 do
        Go(P3,"SYNC=1")                                 --机器人运动到P3点
        local Pos = {coordinate = {356.1834+q*-75, 184.5689 , 15.2565, 72.1569}}   --设置Pos点位信息
        Go(RP(Pos, {0,0,30,0}),"SYNC=1")                --运动到Pos点,z轴抬高30的点
        Move(Pos,"SYNC=1")                              --机器人运动到Pos点
        open()
        Move(RP(Pos, {0,0,30,0}),"SYNC=1")              --运动到Pos点,z轴抬高30的点
        Go(P3,"SYNC=1")                                 --机器人运动到P3点
        Go(P4,"SYNC=1")                                 --机器人运动到P4点
        Move(P5,"SYNC=1")                               --机器人运动到P5点
        close()
        Move(P4,"SYNC=1")                               --机器人运动到P4点
        Go(P2,"SYNC=1")                                 --机器人运动右侧过度点P2
        send("mobanA")                                  --发送mobanA给视觉
        sortingreloading()
        Go(P2,"SYNC=1")                                 --机器人运动到P2点
        send("mobanB")                                  --发送mobanB给视觉
        sortingreloading()
        local Pos1 = {coordinate = {104.2190+q*-62, 222.1175 , 26.4320, 77.2238}}   --设置Pos1点位信息
        DO(11,OFF)
        Go(P4,"SYNC=1")                                 --机器人运动到P4点
        Move(RP(P5, {0,0,-2,0}),"SYNC=1")               --运动到P5点,z轴抬高30的点
        open()
        Sleep(1000)
        Move(P4,"SYNC=1")                               --机器人运动到P4点
        Go(P1,"SYNC=1")                                 --机器人运动到P1点
        Go(P3,"SYNC=1")                                 --机器人运动到P3点
        Go(RP(Pos1, {0,0,30,0}),"SYNC=1")               --运动到Pos1点,z轴抬高30的点
        Move(RP(Pos1, {0,0,5,0}),"SYNC=1")              --运动到Pos1点,z轴抬高5的点
        close()
        Move(RP(Pos1, {0,0,30,0}),"SYNC=1")             --运动到Pos1点,z轴抬高30的点
    end
    Go(P3,"SYNC=1")                                     --机器人运动到P3点
    Go(P1,"SYNC=1")                                     --机器人运动到P1点
end
```

c) 将手机底壳搬运到视觉检测台，并将视觉检测台的手机底壳搬运到成品放置台程序

图 7-51　机器人点位程序（部分）（续）

任务 7.4　系统联调

学习情境

视觉单元和机器人单元调试完成后，接下来需要对手机定位引导装配系统进行整体调试。

学习目标

知识目标

1）了解触摸屏的功能。
2）熟悉手机定位引导装配系统的通信。
3）能够读懂手机定位引导装配系统的 PLC 程序。

技能目标

1）能够正确下载触摸屏程序。
2）能够正确下载 PLC 程序。
3）能够将手机定位引导装配系统调试成功。

素养目标

1）根据工作岗位职责，完成小组成员的合理分工。
2）团队合作中，各成员学会表达自己的观点。
3）养成安全规范操作的行为习惯。

工作任务

建立视觉单元和机器人单元间的通信，完成手机定位引导装配系统的联调，即系统启动之后，能够自动完成手机的装配任务。

任务分工

根据任务要求，对小组成员进行合理分工，并填写在表 7-16 中。

表 7-16　任务分工表

班级		组号		指导老师	
组长		学号			
组员及分工	姓名	学号		任务分工	

获取信息

引导问题 1：系统联调的工作流程是什么？

_____

_____

引导问题2：简述触摸屏的工作原理。

_____

_____

引导问题3：手机定位引导装配系统中的触摸屏是（　　　）类型的触摸屏。

A. 电阻式　　　　　　　　　　　B. 电容感应式

C. 红外线式　　　　　　　　　　D. 表面声波式

引导问题4：手机定位引导装配系统中的PLC主要用于控制哪些部件？

_____

_____

引导问题5：手机定位引导装配系统中，机器人单元与视觉单元之间的通信方式是（　　　），机器人单元与PLC单元之间的通信方式是（　　　）。

A. TCP通信　　Modbus　　　　　B. Modbus　　IO通信

C. TCP通信　　IO通信　　　　　D. Modbus　　串口通信

工作计划

1）制定工作方案，见表7-17。

表7-17　工作方案

步骤	工作内容	负责人

2）列出核心物料清单，见表7-18。

表7-18　核心物料清单

序号	名称	型号/规格	数量

工作实施

1. 系统联调的准备工作

1）系统启动。

2）连接硬件。

3）下载 PLC 程序。

4）打开机器人单元和机器视觉软件及对应的工程文件。

2. 下载触摸屏程序

步骤 1：双击 图标，打开 Utility Manager 软件，如图 7-52 所示。

图 7-52　Utility Manager 软件界面

步骤 2：单击"EasyBuilder Pro"，在弹出的图 7-53 所示的界面中，单击"取消"按钮。

图 7-53　启动现有工程文件

步骤3：单击菜单栏中的"文件"→"打开"，选择手机定位引导装配系统的触摸屏程序，单击"打开"按钮，如图7-54所示。

图7-54 打开手机定位引导装配系统的触摸屏程序

步骤4：单击菜单栏中的"工程文件"→"下载（PC–HMI）"，如图7-55所示。

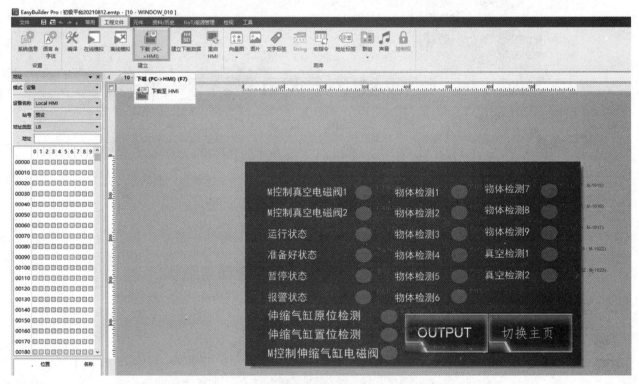

图7-55 下载程序

程序下载完成之后，出现如图7-56所示的触摸屏界面，表示程序下载成功。

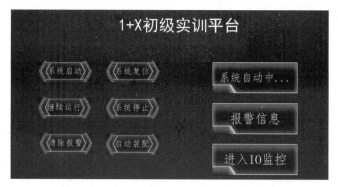

图 7-56　触摸屏界面

手机定位引导
装配系统联调

3. 建立机器人单元与视觉单元间的通信

（1）修改机器人程序中的视觉 IP 地址

步骤 1：将计算机 IP 地址修改为 "192.168.1.50"。

步骤 2：在 DobotSCStudio 软件机器人程序界面，视觉 IP 地址设置
为 "192.168.1.50"，视觉端口设置为 "4000"，如图 7-57 所示。

```
回保存  ↶撤消  ↷重做  ✂剪切  ⧉复制  ⧉粘贴  ☑注释
1  local ip="192.168.1.50"          --视觉的IP地址
2  local port=4000                  --视觉端口号
3  local socket                     --视觉TPC通信
4  local err = 0                    --视觉TPC通信
5  local move_x = 0                 --标定转换点x
```

图 7-57　机器人程序中的视觉 IP 地址设置

（2）进行视觉通信设置

步骤 1：打开 DobotVisionStudio 软件的视觉程序，单击快捷工具栏中的 "通信管理" 图标，
进入 "通信管理" 对话框，打开机器人通信按钮，如图 7-58 所示。

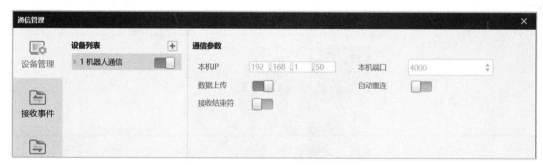

图 7-58　通信管理

步骤 2：单击快捷工具栏中的 "全局触发" 图标，在 "全局触发" 对话框中设置字符串触发
参数，如图 7-59 所示。

图 7-59　全局触发设置

注意：机器视觉软件所在计算机的 IP 地址需要与 PLC 单元、触摸屏、机器人单元是同一个网段，并且要与机器人单元的 src0 程序中的 IP 地址一致，视觉通信设备的端口号也要与机器人程序中的端口号保持一致。

4. 设置远程 IO 脱机运行模式

在点位和通信调试完毕后，在"系统设置"界面，选择"参数设置"→"远程控制"，控制模式选择"IO"，选择脱机工程，选择手机定位引导系统机器人程序 V1.1，单击"保存"按钮，进入远程 IO 脱机运行模式，如图 7-60 所示，这样就可以使用触摸屏来进行系统的启动 / 停止和相关监控。

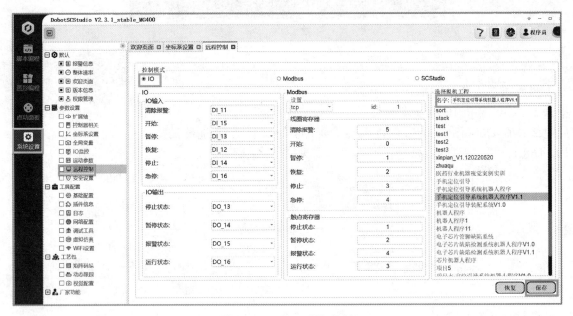

图 7-60　远程 IO 脱机控制

5. 运行机器人程序

在触摸屏上先点"系统启动"，三色报警灯的绿灯亮，如图 7-61 所示，再点"启动装配"，观察机器人的运动。

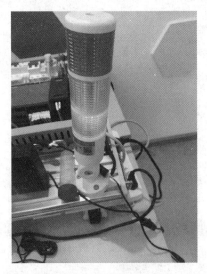

图 7-61　三色报警灯绿灯亮

系统启动后观察系统运行状况。机器人将手机底壳放置台上的手机底壳搬运到视觉检测台，视觉单元完成手机底壳的检测和定位；机器人将物料放置台上的手机芯片搬运到视觉检测台，视觉单元完成手机芯片的检测和定位；机器人将手机芯片安装到手机底壳内。检测手机芯片是否安装完成，如果没有完成继续搬运手机芯片，直至安装完成。机器人将装配完成的手机成品，从视觉检测台搬运到成品放置台，继续下一个手机底壳的装配，直到完成三个手机成品的装配。

评价反馈

各组代表介绍任务实施过程，并完成评价表（见表 7-19）。

表 7-19　评价表

类别	考核内容	分值	评价分数		
			自评	互评	教师
理论	了解触摸屏的功能	5			
	熟悉手机定位引导装配系统的通信	10			
	能够读懂手机定位引导装配系统的 PLC 程序	15			
技能	能够正确下载触摸屏程序	10			
	能够正确下载 PLC 程序	10			
	能够正确完成系统的通信设置检测工作	10			
	能够调试成功手机定位引导装配系统	30			
素养	遵守操作规程，养成严谨科学的工作态度	2			
	根据工作岗位职责，完成小组成员的合理分工	2			
	团队合作中，各成员能够准确表达自己的观点	2			
	严格执行 6S 现场管理	2			
	养成总结训练过程和训练结果的习惯，为下次训练积累经验	2			
总分		100			

相关知识

1. 系统联调的工作流程

系统联调是在已经分别调试完机器人程序和机器视觉程序后进行的工作。系统联调的工作流程为：系统启动→连接硬件→下载 PLC 程序→下载触摸屏程序→打开软件及对应工程文件→建立机器人单元与视觉单元的通信→远程 IO 脱机运行模式设置→触摸屏启动程序运行→观察系统运行情况。

2. 触摸屏介绍

触摸屏（Touch Panel）又称为触控屏、触控面板，是一种可接收触点等输入信号的感应式液晶显示装置。当接触了屏幕上的图形按钮时，屏幕上的触觉反馈系统可根据预先编程的程序驱动各种连接装置，用以取代机械式的按钮面板，并借由液晶显示画面制造出生动的影音效果。触摸屏作为一种最新的计算机输入设备，是目前最简单、方便、自然的一种人机交互方式。

（1）触摸屏的原理　为了操作方便，人们用触摸屏代替鼠标或键盘。工作时，首先用手指或其他物体触摸安装在显示器前端的触摸屏，然后系统根据手指触摸的图标或菜单位置来定位选择信息输入。触摸屏由触摸检测部件和触摸屏控制器组成。触摸检测部件安装在显示器屏幕前，用于检测用户触摸的位置，接收信号后送至触摸屏控制器；触摸屏控制器的主要作用是从触摸点检测部件接收触摸信息，并将它转换成触摸点信号坐标，再传送给 CPU，它同时能接收 CPU 发来的命令并加以执行。

（2）触摸屏的主要类型　按照工作原理和传输信息的介质，触摸屏分为四种，分别是电阻式、电容感应式、红外线式和表面声波式。

1）电阻式触摸屏。电阻式触摸屏利用压力感应进行控制。当手指触摸屏幕时，两层导电层在触摸点位置就有了接触，电阻数值发生变化。在 X 和 Y 两个方向上产生信号，然后传送到触摸屏控制器。控制器收到接触信号并计算出位置坐标 (X, Y)，再根据模拟鼠标的方式运行。

电阻式触摸屏不受尘埃、水及污垢影响，能在恶劣环境下工作。但由于其外层采用塑胶材料，抗爆性较差，使用寿命受到一定影响。另外，电阻式触摸屏手感较差，适用于佩戴手套和不能用手直接触摸的场合。

手机定位引导装配系统的触摸屏使用的是威纶通科技股份有限公司的触摸屏（型号为MT6071iP），该触摸屏就是一种电阻式触摸屏，如图 7-62 所示。

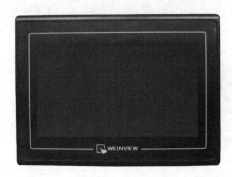

图 7-62　触摸屏（型号为 MT6071iP）

MT6071iP 型触摸屏具有以下特点：

① 三组独立串口，支持与三种不同协议的控制器同时通信，实现一屏多机。

② 搭载 Cortex A8 600MHz CPU 和 128MB 内存，运行快速。

③ 1600 万色的高彩度显示，完美呈现图像。

④ 全新灰白双色外观与薄型轻量化机身，便于携带。

⑤ 工程文件、安装开孔、通信连接可兼容旧有机型，升级无忧。

⑥ 内置电源隔离，有效抑制了电源浪涌和异常电流，增强了 HMI 现场运行稳定性。

⑦ 适用 EasyBuilder Pro 组态软件，拥有流动块、操作记录和配方数据库等新功能，简单易用。

2）电容式触摸屏。电容式触摸屏利用人体的电流感应工作，在玻璃表面贴上一层透明的特殊金属导电物质，当有导电物体触碰时，就会改变触碰点的电容值，从而可以探测出触摸的位置。

电容式触摸屏能很好地感应轻微及快速的触摸，防刮擦，不受尘埃、水及污垢影响，可在恶劣环境下使用。但由于电容会随温度、湿度及环境电场的不同而变化，导致其稳定性不高，甚至会出现触摸屏失灵现象。另外，由于漂移现象严重，电容式触摸屏需要经常校准。

3）红外线式触摸屏。红外线式触摸屏是在显示器的前端安装一个电路板外框，电路板在屏幕四边排布红外发射管和红外接收管，一一对应形成横竖交叉的红外线矩阵。只要是非透明物体，在操作时就会挡住经过该位置的横竖两条红外线，从而判断触摸点在屏幕的位置，实现触摸屏操作。

红外线式触摸屏性价比高，性能稳定，安装方便，不受电流、电压和静电干扰，能够适应各种环境，缺点是其分辨率不高。

4）表面声波式触摸屏。表面声波是一种沿介质表面传播的机械波。表面声波式触摸屏由触摸屏、声波发生器、反射器和声波接收器组成。其中声波发生器能发送一种高频声波跨越屏幕表面，当手指触及屏幕时，触点上的声波即被阻止，由此确定坐标位置。

表面声波式触摸屏不受温度、湿度等环境因素影响，分辨率极高，且具有防刮性，寿命长，透光率高，能保持清晰透亮的图像质量，最适合公共场所使用。但尘埃、水及污垢会严重影响表面声波式触摸屏的性能，需要定期清洁，保持屏面的光洁。

3. 手机定位引导装配系统的通信

手机定位引导装配系统需要进行通信的设备有机器人单元、视觉单元、PLC 单元和触摸屏。机器人单元与视觉单元之间的通信方式是 TCP 通信，机器人单元与 PLC 单元之间的通信方式是 IO 通信，PLC 单元与触摸屏之间是 PROFINET 通信。机器人单元与视觉单元、PLC 单元与触摸屏的通信都是通过交换机来实现网络连接的。TCP 通信在项目 4 中已经介绍过，这里不再赘述。

（1）机器人单元与 PLC 单元之间的通信　机器人单元与 PLC 单元之间的通信方式是 IO 通信，IO 表见表 7-20、表 7-21。

表 7-20　机器人输入 IO 表

模块名称	Pin	地址	功能注解	对应关系
机器人 In	1	I0.0	RB_DO9：控制真空电磁阀 1	RB-PLC
	2	I0.1	RB_DO10：控制真空电磁阀 2	RB-PLC
	3	I0.2	RB_DO11：控制伸缩气缸电磁阀	RB-PLC
	4	I0.3	RB_DO12：工艺完成信号	RB-PLC
	5	I0.4	RB_DO13：准备好状态	RB-PLC
	6	I0.5	RB_DO14：暂停状态	RB-PLC
	7	I0.6	RB_DO15：报警状态	RB-PLC
	8	I0.7	RB_DO16：运行状态	RB-PLC

表 7-21　机器人输出 IO 表

模块名称	Pin	地址	功能注解	对应关系
机器人 Out	1	Q0.0	RB_DI11：清除报警	RB-PLC
	2	Q0.1	RB_DI12：继续运行	RB-PLC
	3	Q0.2	RB_DI13：暂停运行但不退出远程 IO	RB-PLC
	4	Q0.3	RB_DI14：停止运行，退出远程 IO	RB-PLC
	5	Q0.4	RB_DI15：进入远程 IO，开始运行	RB-PLC
	6	Q0.5	RB_DI16：急停，退出远程 IO	RB-PLC

（2）PLC 单元与触摸屏之间的通信　PLC 单元与触摸屏之间通过 PROFINET 协议进行通信。PROFINET 是新一代基于工业以太网技术的自动化总线标准，通过网线进行数据传输，是一个开放式的实时工业以太网通信协议。PROFINET 有模块化的结构，用户可以依其需求选择不同层面的功能。PROFINET 通信协议具有实时性高、灵活性强等优点，是建立上位机和工控系统的最佳方案。

4. 机器人完整程序模块介绍

（1）src0 程序

1）定义本地变量程序，如图 7-63 所示。

```
local ip="192.168.1.50"            --视觉的IP地址
local port=4000                    --视觉端口号
local socket                       --视觉TPC通信socket定义
local err = 0                      --视觉TPC通信err定义
local move_x = 0                   --标定转换点X
local move_y = 0                   --标定转换点Y
local move_r = 0                   --标定转换点R
local template = 0                 --模板编号
local Recbuf                       --定义REcbuf
local msg = ""                     --定义msg并赋值
local num = ""                     --定义msg并赋值
local coordinate                   --定义coordinate变量
local SortingPos                   --定义SortingPos变量
local GetSortingPos                --定义GetSortingPos变量
```

图 7-63 定义本地变量程序

2）接收视觉数据函数程序，如图 7-64 所示。

```
function receive()                             --接收视觉数据函数（点位信息）
    err, Recbuf = TCPRead(socket, 0,"string") --receive message
    msg = Recbuf.buf
    datasize = string.len(msg)                 --读取字符长度
    if datasize > 4 then                       --如果字符长度大于4
        data = split(msg,",")                  --分隔字符串
        move_x=tonumber(data[1])               --X坐标
        move_y=tonumber(data[2])               --Y坐标
        move_r=tonumber(data[3])               --R坐标
        template = tonumber(data[4])           --模板编号
        print(data)
    else                                       --字符长度不大于4
        print("接收视觉数据有误")
    end
end
```

图 7-64 接收视觉数据函数程序

3）发送数据给视觉函数程序，如图 7-65 所示。

```
function send(thing)                --发送数据给视觉函数
    Send_data = thing
    TCPWrite(socket,Send_data)
    Send_data = ""
end
```

图 7-65 发送数据给视觉函数程序

4）建立 TCP 通信程序，如图 7-66 所示。

```
--建立TCP通信--
function createtcp()
    err, socket = TCPCreate(false, ip, port)   --创建TCP通信网络指令
    if err == 0 then                           --创建成功
        err = TCPStart(socket, 0)              --TCP连接
        if err == 0 then
            print("TCP_Vision Connection succeeded")
        else
            print("TCP_Vision Connection failed")
        end
    end
end
```

图 7-66 建立 TCP 通信程序

5）机器人点位函数程序见任务 7.3 图 7-51。

6）系统主程序，如图 7-67 所示。

```
close()
createtcp()
Go(P1,"SYNC=1 ")                    --机器人运动到P1点
while true do
    if DI(7) == 1 then              --如果输入端口7打开
        sorting()                   --开始装配
    end
end

TCPDestroy(socket)                  --TCP通信结束
```

图 7-67　系统主程序

（2）全局变量函数程序

全局变量函数程序如图 7-68 所示。

```
    --字符分隔--
function split( str,reps )
    local resultStrList = {}
    string.gsub(str,'[^'..reps..']+',function ( w )
        table.insert(resultStrList,w)
    end)
    return resultStrList
end
--等待DI信号--
function WaitDI(index,stat)
    while DI(index) ~= stat do
        Sleep(100)      --暂停100ms
    end
end

function open()         --定义open函数
    DO(9,ON)            --输出端口3打开
    DO(10,ON)           --输出端口4打开
    Wait(500)           --等待500ms

end

function close()        --定义close函数
    DO(9,OFF)           --输出端口3关闭
    DO(10,OFF)          --输出端口4关闭
    Wait(1000)          --等待500ms
    Sleep(500)
end
```

图 7-68　全局变量函数程序

5. 手机定位引导装配系统中的 PLC 功能及程序

手机定位引导装配系统使用西门子 S7–1200 PLC，主要用于控制系统的启动、停止，以及控制气路的三个电磁气阀、三色报警灯和蜂鸣器。

PLC 程序主功能块包含的模块如图 7-69 所示。

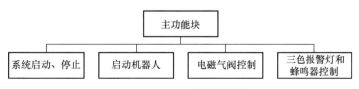

图 7-69　PLC 程序功能模块

1）系统启动、停止控制程序，如图 7-70 所示。

程序段1：系统启动、停止

注释

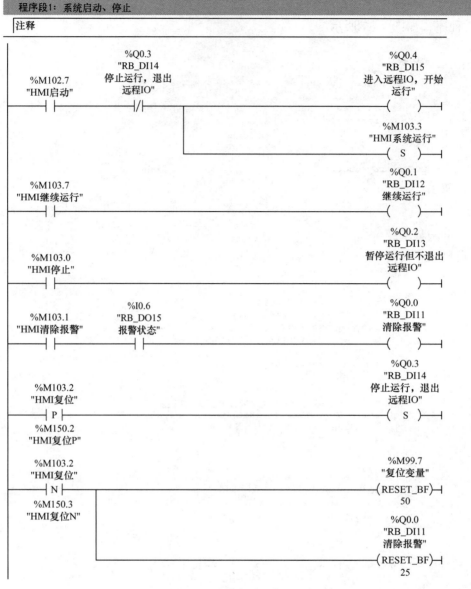

图 7-70　系统启动、停止程序

2）启动机器人功能程序，如图 7-71 所示。

▼ 程序段2：启动机器人功能段

注释

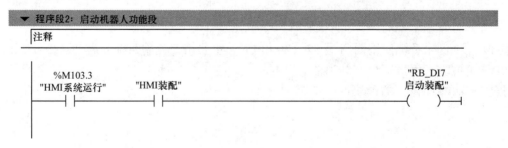

图 7-71　启动机器人功能程序

3）三个电磁气阀的控制程序，如图 7-72 所示。

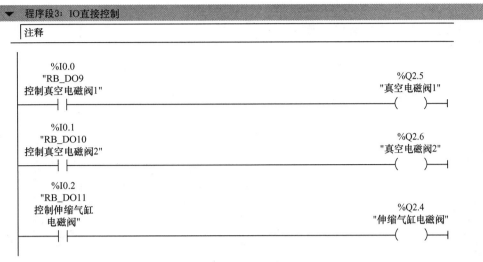

图 7-72 电磁气阀控制程序

4) 三色报警灯和蜂鸣器的控制程序，如图 7-73 所示。

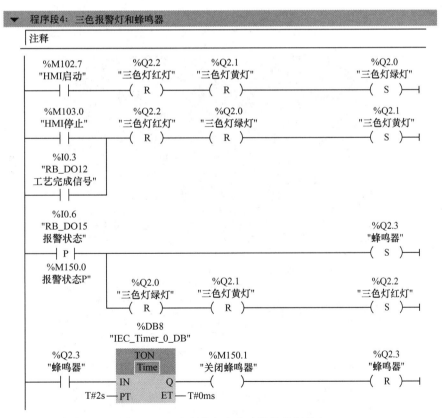

图 7-73 三色报警灯和蜂鸣器的控制程序

5) PLC 与触摸屏映射的程序，如图 7-74 所示。

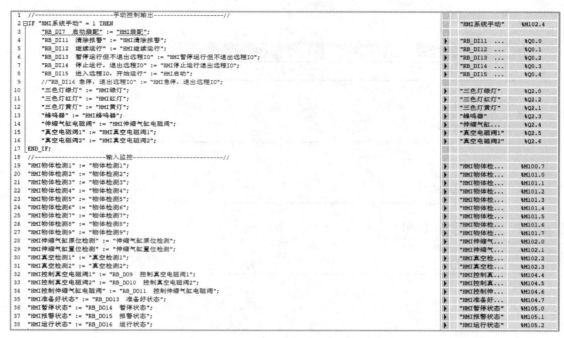

图 7-74　PLC 与触摸屏映射的程序

6. 触摸屏界面

手机定位引导装配系统触摸屏界面如图 7-75 所示，包括主界面、IO 监控界面等。

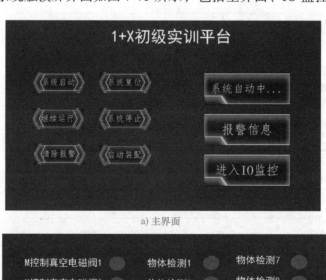

a) 主界面

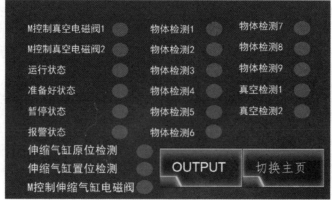

b) IO监控界面

图 7-75　触摸屏界面

项目总结

本项目为手机定位引导装配系统的调试，从认识手机定位引导装配系统的工作流程开始，了解各组成结构的功能，并能够分别对机器视觉单元和机器人单元进行调试，正确建立起两个单元间的通信，进行系统联调，最终完成手机的装配任务。

拓展阅读

3D 机器视觉

3D 机器视觉是通过 3D 相机采集视野内空间每个点位的三维坐标信息，通过算法复原智能获取三维立体成像。也就是说，3D 视觉不仅能够获取二维的 XY 坐标，还能测量出被拍物体的距离远近、大小尺寸，也就是空间坐标 Z。相对于 2D 机器视觉，3D 机器视觉具有显著优势，如测量速度快、精度高、抗干扰能力强及操作便捷等，能够有效解决 2D 机器视觉对于高度、厚度、体积、平面度等测量条件的缺失。

随着芯片技术的发展以及相关软硬件系统的深入，国内外机器视觉行业在技术创新、产品迭代方面取得了积极进展。近年来，3D 机器视觉技术成为机器视觉领域的发展焦点。

国内优秀的 3D 机器视觉企业有杭州海康威视数字技术股份有限公司、浙江华睿科技股份有限公司、广州奥普特科技股份有限公司、武汉精测电子技术股份有限公司、湖南视比特机器人有限公司等。3D 视觉产品广泛地应用在生产制造、食品加工、电子、物流、仓储、医药及农业等多个行业领域。

（1）汽车制造行业的应用　3D 机器视觉被广泛地应用于汽车生产制造的各个环节，如汽车零部件制造、整车自动装配、车身涂装缺陷检测等。此外 3D 视觉技术还应用到了自动驾驶中。

（2）电子行业的应用　在电子行业，3D 机器视觉主要用于 PCB 检查、组件和整机外观检查、组装引导等，并呈现出越来越多的新应用场景。

（3）食品加工行业的应用　在食品加工行业，利用 3D 机器视觉技术可以精确测量食品的体积、高度等，可以使食品加工达到最优化，满足用户对外观越来越严格的视觉要求。

总之，随着科技的发展和新兴产业的加速落地，未来 3D 机器视觉的应用会越来越广，市场需求会越来越大。

参 考 文 献

［1］ 赛迪顾问.中国工业机器视觉产业发展白皮书 [J].机器人产业，2020（6）：76-95.

［2］ 杨文桥，郑力新.浅谈机器视觉 [J].现代计算机，2020，10（30）：66-69；76.

［3］ 高峰，王富东.浅谈机器视觉技术发展及应用 [J].山东工业技术，2019（5）：142.